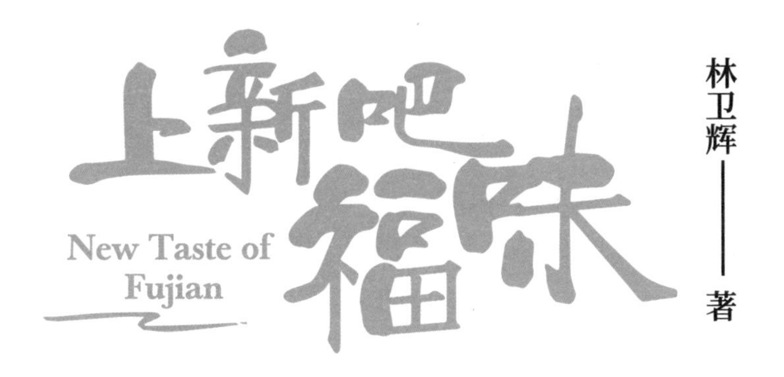
上新吧福味
New Taste of Fujian

林卫辉 著

廣東旅游出版社
GUANGDONG TRAVEL & TOURISM PRESS

中国·广州

图书在版编目（CIP）数据

上新吧，福味 / 林卫辉著. — 广州 : 广东旅游出版社，2023.3
ISBN 978-7-5570-2958-6

Ⅰ. ①上… Ⅱ. ①林… Ⅲ. ①饮食－文化－福建Ⅳ. ①TS971.2

中国国家版本馆CIP数据核字(2023)第031253号

出 版 人：刘志松
策划编辑：陈晓芬
责任编辑：陈晓芬　　杨　恬
图片提供：《上新吧　福味》节目组
装帧设计：艾颖琛
责任校对：李瑞苑
责任技编：冼志良

上新吧，福味
SHANGXINBA,FUWEI

广东旅游出版社出版发行
（广州市荔湾区沙面北街 71 号首、二层）
邮编：510130
电话：020-87347732（总编室）　020-87348887（销售热线）
投稿邮箱：2026542779@qq.com
印刷：广州市岭美文化科技有限公司
（广州市荔湾区花地大道南海南工商贸易区A栋）
开本：787 毫米 ×1092 毫米　32 开
字数：154 千字
印张：8.75
版次：2023 年 3 月第 1 版
印次：2023 年 3 月第 1 次
定价：68.00 元

自序
好厨师要先了解食材

福建广电集团拍摄的美食纪录片《上新吧，福味》，挑选福建当地八种特色食材，邀请全国二十四位名厨到食材所在地深入了解，在此基础上每人再做两道菜出来，这是一个很不错的创意。

节目名字起得有点拗口，不是福建人可能不太好理解，想表达的意思是“新的福建味道上来了”，估计是受了“翠花，上酸菜”的启发。节目组原来邀请我做顾问，后来阴差阳错，计划中出镜的美食家们都来不了，便把我从幕后推到台前。于是，2022年下半年我就忙着这件事，每集陪着三位师傅出镜拍片，也在拍片前的调研中负责一些顾问和分析工作，反正疫情管控下生意也做不了，干脆就全身心投入拍摄和调研工作中了。

福建省位于中国东南沿海，东北与浙江省毗邻，西北与江西省接界，西南与广东省相连，东南隔台湾海峡与台湾省相望；地势西北高、东南低，依山傍海，境内山地、丘陵面积约占全省总面积的90%；地跨闽江、晋

江、九龙江、汀江四大水系，东海与南海在此交汇，地理环境复杂多样；亚热带海洋性季风气候又给福建带来充沛的降水，这为生物的多样性创造了天然的条件。节目组选了永春白番鸭、清流腐竹、长汀河田鸡、东山芦笋、诏安青蟹、福鼎芋头、下廪羊和宁德大黄鱼八种食材，同品种的食材相信大家都很熟悉，但福建出产的品种特别优秀，为什么这么说呢，其中的门道就必须研究清楚。

师傅们做菜，也必须先深度认识食材。这些看似没有什么特别的鸡、鸭、羊、螃蟹、大黄鱼，虽然都是养殖的，但品质非常优秀。芋头、芦笋、腐竹也有特殊之处，如果不做充分的了解，很难发挥它们的特别之处。八集拍下来，所有师傅都对这种深入食材生产地，深度了解食材的节目形式很感兴趣，大家也做出了属于自己风格的创意菜，现在这些菜有的在师傅们所在的餐厅已经可以吃到，

相信隔着屏幕，也可以令您食指大动。

这些食材所在地多在山区或沿海，尽管福建的飞机、高铁交通发达，但还是需要接驳转来转去才能到达，每一集需要花三天时间拍摄，最终呈现在观众面前的却只有不到一个小时的内容，大量的内容是被剪掉的。在对食材进行研究时，我也会从这些食物的历史和科学的角度进行多方探索，这有利于节目组和师傅们进一步了解这些食物。但是，电视是大众媒体，美食纪录片不是历史片和科教片，这些研究资料绝大部分无法在电视上呈现，于是，我有了把这些无法呈现的东西写下来，集中出版的想法。看纪录片，可以让您更具象、更轻松欣赏到这些美食，而读这本书，希望您可以对美食了解得更有深度。

希望您喜欢。

林卫辉

目录

篇一 结缘 001

“酱油哥”来电 003

“宴遇”厦门 006

初到永春 010

初识永春白番鸭 014

剧情有变 019

原来你是“汪伦” 024

篇二 永春白番鸭 031

古人花式做鸭 032

又见白番鸭 036

初烹白番鸭 040

再做永春白番鸭 046

篇三　清流腐竹　053

拍摄前的准备　054

神奇的豆制品　058

腐竹是怎样炼成的　062

清流腐竹好在哪里　066

好山好水好腐竹　070

古人说腐竹　074

游“韧”有余　080

谁都不易　084

篇四　长汀河田鸡　089

鸡我所欲也　090

养好鸡不易　096

好鸡是如何养成的　100

鸡肉怎么做才好吃　106

众口难调　109

河田出好鸡　112

认知鸡并不容易　116

“鸡”不可失　120

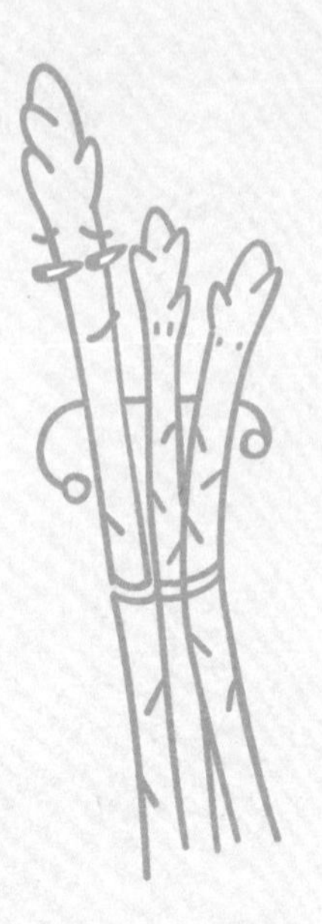

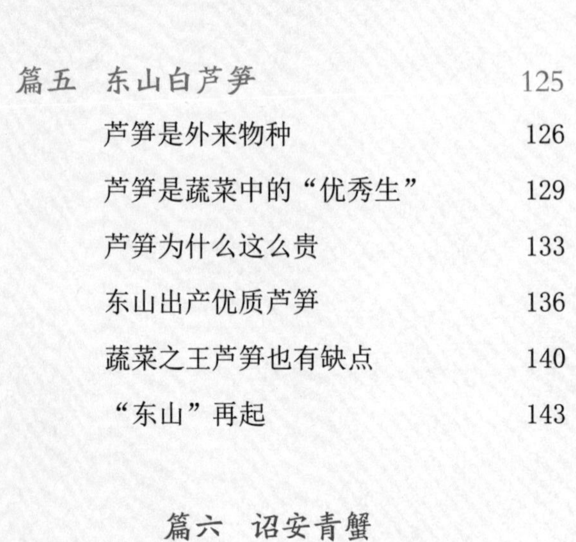

篇五　东山白芦笋　125

芦笋是外来物种　126

芦笋是蔬菜中的“优秀生”　129

芦笋为什么这么贵　133

东山出产优质芦笋　136

蔬菜之王芦笋也有缺点　140

“东山”再起　143

篇六　诏安青蟹　149

青蟹好吃的条件　150

第一个吃螃蟹的人　155

不同时期的青蟹　160

青蟹的滋味　165

“蟹蟹”你　169

海的尽头是荒漠　175

篇七　福鼎芋头　183

不同种类的芋头　184

福鼎出产好芋头　188

芋头，原产于我国　192

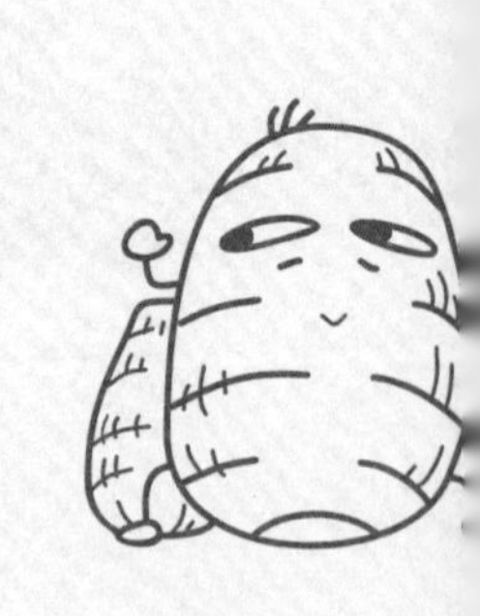

古人烹芋 197

小试厨刀 202

再试厨刀 207

篇八 下廪羊 213

中国人吃羊历史悠久 214

为什么北方多吃羊 219

不膻的山羊 223

吃羊大全 229

下廪羊怎么走出去 234

好羊有新味 239

篇九 宁德大黄鱼 243

大名鼎鼎的大黄鱼 244

东海大黄鱼为何这么贵 246

走进大黄鱼养殖业 250

“闽东壹鱼” 254

揭秘大黄鱼野生与养殖的差别 257

师傅们大耍技艺 260

结缘

篇一 结缘

对美食的热爱，
让南天地北的我们结缘厦门。
一群知名的、
有号召力的美食家带着名厨，
开启了寻找田野好食材的『福味』之旅。

“酱油哥”来电

我的好朋友“酱油哥”颜靖，不是打酱油的，曾经是卖酱油的，现在主攻销售各种零食，与他的厦门美食之约，已经有三四年，但始终未能成行，这是为什么呢？

在我看来，潮汕人其实就是闽南人，文化、风俗，包括美食，不说大体一致，也是系出同门，但是潮汕人不太愿意把潮州菜溯源到闽南菜，而是更喜欢往韩愈和南宋王朝身上靠。我不仅是潮汕人，还是与闽南相邻的饶平人，看过族谱，往上数八九代，祖上就是福建莆田的，妥妥的“莆田系”。正因为近，一切与福建相关的行程，反而总以“以后机会多着呢”为由，不被我列入计划之中。这种“舍近求远”，应该不独我吧。

这天，我忽然接到“酱油哥”的电话，说福建东南卫视的王圣志导演想与我联系。“酱油哥”向来只是不断地寄各种美食给我，吃人家的嘴短，更何况心里还怀着一份“说话不算数”的愧疚，我马上与王圣志导演在微信上联系，王导迫不及待地打来了电话。原来，他们想做一个美食节目，介绍福建独特的农产品，由三位顶尖的美食家蔡澜、陈晓卿、沈宏非老师带队，带着全国各地的名厨寻访

食材，厨师们再以自己的手法“演绎”食材，王导邀请我做这个节目的顾问。这事太简单了，顾问不就是回答问题、出出主意，更重要的是，还能“碰瓷”三位美食大咖，这简直就是天上掉下来的一块大馅饼，焉有不接住的道理？电话那头，王导把我夸了一顿，述说各种欣赏，让我听了不禁飘飘然。末了，王导希望我近期就排出时间，赴厦门一趟，他希望能和我当面交流，聊聊节目的构想，顺便到厦门附近的泉州永春县看一些候选的农产品，而且最好就在这几天，因为节目需要尽快开机，实在等不及了。

与其说是被王导的诚恳打动，不如说是被他的各种夸奖和认同俘虏，那种相见恨晚油然而生。人就是这样，听到刺耳的话，自然产生应激反应，各种不舒服挥之不去；一听到好话，多巴胺也大量分泌，各种愉悦感不请自来。电话里大家达成共识：我尽快去一趟厦门！放下电话，王导马上拉了一个微信群，让导演梁娜落实我去厦门的日期，就定在6月18日，给我买了来回的机票，而且是公务舱，这效率，杠杠的！

与“酱油哥”三四年约而未定的约定，居然在半小时内敲定，看来，所有的约定，都需要落实的决心。我把结果告诉“酱油哥”，他很高兴，说在厦门好好陪我，只是觉得有些意外，邀请我到厦门几年，总是实现不了，怎么一个新介绍的朋友就把我说动了？我说：“那还不是依你吩咐？王导急得很啊！”“酱油哥”再三表示感谢。一切都落实完了，与老婆大人通报要去厦门，她也觉得意外：不就是给一个节目做顾问吗，怎么还亲自跑一趟？想想也是，疫情持续影响已经快三年，大家已经习惯线上沟通，真有必要飞到厦门去吗？王导和他的团队在福州，大家都去厦门多麻烦，让王导直接飞广州不是更方便吗？我告诉自己，这趟厦门之行，不仅要与王导当面沟通，还要去永春看候选拍摄的农产品，还可以完成与“酱油哥”的厦门之约，见见久未谋面的“海鲜大叔”和已经变成网红的“上青杰哥”，这是很值得的。

既然已经答应王导，那就不要犹豫，言出必行！不过，这个王圣志导演也太厉害了，面都没见到，我就被他说动了。

我这厦门之行，真是必要的吗？

“宴遇”厦门

到了厦门，已经是下午6点，导演梁娜在机场接我，晚饭就安排在吴嵘的“宴遇”餐厅，“酱油哥”和“海鲜大叔”、王圣志导演、吴嵘、“陈黄鱼”等人正在那里等着我。“酱油哥”还给了我一个惊喜，叫上了厦门大学的戴教授，我们两人互为对方粉丝，却一直未曾谋面，戴教授还带了一瓶纪念版的茅台酒，真是用心。

闽菜虽然为八大菜系之一，但在当今的美食江湖上一直抢不到风头。与此同时，吴嵘的“遇外滩”餐厅开到上海，连夺米其林、黑珍珠和金梧桐等荣誉，被福建美食界誉为“闽菜之光”。说实话，我对闽菜并不了解，吴嵘的菜我也没吃过，这顿饭却吃得我茅塞顿开，使我更坚信，风靡美食界的潮州菜，其渊源应该就是闽南菜。吴嵘的菜，是对“鲜”味的最佳表达，没有人比他更了解“鲜”。为这顿饭，都值得来厦门一趟，更不要说还有美食美酒，新朋旧交，不亦乐乎！王导告诉我，第二天一早出发去永春，在永春住一晚，至于其他，也就没机会聊了。大家觥筹交错，我也超常发挥，来者不拒，居然没什么压力。奇怪的是，坐在主位的“酱油哥”，虽然滴酒不沾，但同样也把大家的情绪调动了起来，这功夫了得啊！

一夜豪饮，伴一夜互相吹捧，倒也畅快。各自回酒店休息，约好第二天上午8点出发去吃早餐，再赶两个小时的路去永春，那是他们选定的拍摄地之一。8点到了，大家下楼集合，梁娜说：“王导在赶时间审一个片子，我们先去吃早餐，他迟点再赶来跟我们汇合。”

梁娜问我早餐吃什么，那我当然选厦门的名吃沙茶面了，梁娜于是选了一家店。厦门沙茶面，汤面和沙茶酱是主角，“领衔主演”的是各种海鲜、猪肉、猪内脏、鸭胗和蚝仔，本质上就是谷氨酸和肌苷酸的组合，鲜倒是很鲜；可惜主角之一的面太差了，碱水面的碱味太浓郁，甚至有点涩，面也谈不上筋道。也是，厦门并不产小麦，不能要求他们在面食上有太出彩的表现，我依靠“名声在外”点菜，违反了常识。一碗面没吃完，王导匆匆忙忙赶到了，一脸诚恳地说：“辉哥，对不起，让你久等了，刚才我在煲中药。”

迟到总是有理由的，再说又不耽误行程，也不能算迟到，只要不影响结果，你自己匆匆忙忙，那是你的事，对我并不造成影响，我根本就没放心上，只是觉得他们也太好玩了，给迟到找个理由，虽然不用先写好剧本，但总得对一下“口供”吧？

这顿早餐，吃得不太满意，梁娜问我怎么样，我说还不错，很有特色。梁娜说，一般带客人吃早餐，他们就选这家店。我差点想说“你以后还是选另一家吧”，但还是忍住了，要知道，他们这个团队可是拍过赫赫有名的纪录片《早餐中国》。再说了，美食面前，每人有每人的标准，我不喜欢，并不代表它本身不好，也许是我不够了解呢？实事求是地讲，这家店除了面不够筋道之外，各种肉选择多样，鲜味表达上可圈可点，并不差。

大家都把面吃完了，但我确实吃不完，就启程往永春去了。

沙茶面

初到永春

到了永春，第一站就是去肉菜市场调研。这个肉菜市场就叫“农贸市场”，连个像样的名字都没有，算是县政府所在地桃城镇最大的肉菜市场，就在两边居民楼下自然形成，各种肉、菜、海鲜还是齐全的，还有各种小吃档口，呈“Y”字形，目测加起来有300米长，这架势，对一个镇来说，还是挺宏大的。

永春县农村信用社颜主任一早就在肉菜市场门口等我

们，颜主任是当地人，各个档口都很熟，有他带路，自然省事很多。市场里永春的小吃不会太多，最多的是扁食档。所谓扁食，就是馄饨，广州叫云吞，四川叫抄手，10个一碗，5元，并不贵。市场入口的扁食档，摊主是一位60多岁的老大姐，她主要做游客的生意，受疫情影响，这几年卖得并不好，每天卖不完的肉馅又放冰箱冷冻，第二天边解冻边包，这就形成恶性循环。市场入口50米左右的扁食档，是夫妻档，已经经营了25年，他们每天手工剁鲜肉，生意明显好很多，很多在外地的永春人都选在这家店购买，夫妻俩再用快递邮寄过去。用料讲究是他们生存密码，除了用新鲜的猪肉，连葱都是选葱白部分，这部分充满葱味的硫化物更多，味道也调得不错。这一对夫妻，只卖扁食和拌面，妻子负责包扁食，丈夫负责煮扁食、拌面并兼服务员，忙碌起来倒也有条不紊。他们家的拌面也不错，葱油味十足，更重要的是面很筋道，比厦门的好太多，每碗5元，就没有肉了。

福建气候与广东气候没有什么大不同，蔬菜也就没有什么太大的差异，这里的特别之处是新鲜麻笋又大又便宜，每斤只要3元。与毛竹竹笋春、冬两季冒出来不同，麻竹需要更多的雨水才肯冒出竹笋，广东、福建都属亚热带季风气候，端午节前后才是雨季，这时麻笋才破土而出。永春也是麻竹的产区，又大又便宜的竹笋，真让我有扛两个回广州的冲动。

市场的肉档，猪肉还是主力，我们寻找的重点是永春的白鸭。这里有好多卖白鸭的档，倒也实在，明明白白告诉我们哪些是便宜一点的半番鸭，哪些是贵一点的番鸭。永春有两种番鸭，其中就有2017年1月10日由原农业部（现农业农村部）正式批准实施农产品地理标志登记保护的永春白番鸭。永春白番鸭躯体呈纺锤状，全身羽毛纯白，喙呈粉红色，头部皮瘤鲜红呈链珠式排列，胫、趾、蹼均为橙黄色，还是比较好辨认的。问题是，两种番鸭宰杀后辨

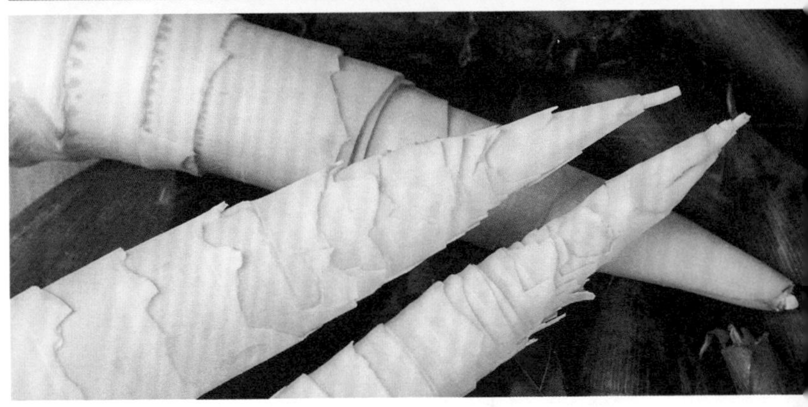

认起来就有点难了。卖鸭的摊主告诉我们，皮肤淡黄、肉色深红、嘴巴短是番鸭的主要特征。在这个市场，番鸭与杂交的半番鸭比起来，差价就四五元，25元一斤与20一斤，区别并不大。

这种鸭，有什么神奇之处，值得如此兴师动众地拍摄推广呢？

初识永春白番鸭

逛完菜市场，我们拜访了永春白番鸭养殖户——永春云河白番鸭保种繁育有限公司总经理巫金春，刚好是午餐时间，就在他的推广餐厅用餐了。镇里的领导和巫金春已经等候多时，大家一坐下，几个菜就呼啦啦地上齐了。菜上了不少，但我的任务不是吃饭，吃鸭才是我此行的目的。巫总安排了清炖白番鸭汤，只用姜片，白番鸭斩大块，加水后用中火熬煮1.5小时，最后加点盐调味，汤已经非常鲜甜，一点膻味都没有。镇领导给我夹了一块鸭腿，尝了一下，除了靠近骨头的那部分，鸭肉已经基本没有味道，肉质还算细腻，但还是有渣感，这是肉类经过冷

冻留下的“痕迹”。我问巫总这鸭冻了多久？把他惊讶得合不拢嘴，他说：“真的碰到专家了，这鸭子是两天前宰杀后冰冻的。”

在专家胡说八道的年代，被称为“专家”，我听了有点不高兴。辨别肉是不是冷冻过的，这没有太高的难度。鸭肉的水分高达75%，冰冻后水分子会膨胀9%，挤破肉里的蛋白质分子等，所以冻肉解冻后会流出一摊“血水”，其实是蛋白质分子被挤破后血红蛋白的流失，这也是冻肉的风味比不上鲜肉的原因。口感上，由于蛋白质分子被部分破坏，汁液流失加快，烹饪后在口感上表现出来的就是“柴”，我们就可以品尝出来。巫总选用的用于炖汤的白番鸭，需要养300天，净重达到一只公鸭5斤，一只母鸭3斤，目前省内包邮的价格是公鸭258元/只，母鸭218元/只，省外就要加多60元的邮费，但邮寄都必须用冷冻。这个价格，比刚才在肉菜市场看到的番鸭可是高了不少。

简单地用了午餐，我们马上赶去巫总位于山上的保育

基地。基地在一个山坳里，大约0.17平方千米，有一个水塘，一群白鸭在宽敞的空间里闲庭信步。优质的环境，广阔的活动空间，让白番鸭更接近野生状态，这是白番鸭风味更佳的原因之一，但也意味着养殖成本更高。

白番鸭的主要饲料是玉米和牧草，玉米营养更高，让白番鸭长得更快。鸭子是杂食动物，小鱼、小虾、谷物种子、蔬菜和牧草都吃，吃草的动物，会产生短链脂肪酸。少量的短链脂肪酸是香味，而大量的短链脂肪酸就是膻味，巫总控制了白番鸭吃牧草的比例，所以鸭子不膻也不失风味，这是白番鸭风味更佳的另一个原因。

白番鸭养到180天，重量达到峰值，继续养下去的话，虽然不再长个子，但可以积累更多的风味物质。同时，肌纤维也变得更粗，结缔组织更多，这意味着有更佳的风味，也意味着肉质更粗，骨、肉、皮更难分离。巫总分别宰了养殖180天和300天的两只鸭让我们比较，可以看得出来，300天的白鸭，肌肉的颜色更显深红，这是血红

蛋白的铁元素更多的结果。目前市场上白番鸭一般拿来炖汤，所以巫总推出的是更适合炖汤的300天白鸭，如果炒或焖，追求更嫩的质地，估计180天的白鸭表现会更精彩。

永春白番鸭虽然有超过280年的养殖历史，但1999年个头更大、长肉更快的法国克里莫番鸭被引进来后，迅速抢占了市场。其中的R51型也是长着洁白的羽毛，与永春白番鸭有几分相似。经过杂交，鱼目混珠，纯种的永春白番鸭有灭绝的危险。2010年，在农科专家的指导下，巫总筹措了200万元，从众多番鸭中挑出200多只纯正的永春白番鸭，开始了他艰难的保育永春白番鸭之路。经历了禽流感和台风袭击，他两次几近破产，几度想放弃，最后还是咬咬牙坚持了下来。优良的品种，是永春白番鸭风味更佳的另一个原因。这下我恍然大悟，原来我们在农贸市场上见到的番鸭，是法国克里莫白番鸭，并不是我们这次想要寻找的永春白番鸭，难怪市场的档主只是强调她卖的是番鸭，不敢说是“永春白番鸭”。

下了山，又被带往熟地产业基地。永春虽然不产生地，却是熟地的生产基地，他们从生地产区买来原材料，再用红糟米酒制成熟地。永春人有用熟地做白鸭汤的传统，我们到这里，就是为品尝一碗熟地白鸭汤，味道相当不错，药味尚在我可以接受的范围。可惜的是，他们用的番鸭，是法国克里莫番鸭，并不是永春白番鸭，王导只是想让我了解当地人是怎么烹鸭的。

当地人烹鸭，肯定还有别的方法。晚餐时间，王导又带我到另一家酒楼，点了一桌子鸭菜，什么鸭汤、姜母鸭、鸭血、鸭胗、鸭肠、爆炒鸭肉，由于用的不是目标对象永春白番鸭，我也就没太大的兴趣，各种鸭菜只是浅尝一口，知道它们的味道表现，也就够了。看了一天鸭，吃了一天鸭，也真的吃不动了，赶紧回酒店洗洗睡吧，其他的事明天再说。

知识链接

永春白番鸭，福建省福州市永春县特产，全国农产品地理标志产品。因其养殖时间长达180天，在重量达到峰值后，继续养下去，可以积累更多的风味物质。

剧情有变

昨天从厦门到永春，坐了两个小时的车，算是稍事休息，其他的时间一刻不停，逛菜市场、看鸭、吃各种鸭，这个节奏够紧凑的，不得不佩服王导的组织能力够强。

一夜好睡，在酒店吃了个早餐，王导叫上主创团队和我开会，大家聊聊节目的思路，听听我的意见。

王导介绍，这档美食节目的名称就叫《上新吧，福味》，目的是推广福建有特色但还未被广泛认识的食材；形式上，知名的、有号召力的美食家作为嘉宾，带着名厨，深入这些食材的产区，了解食材，然后再各自创作菜品，由美食家进行品尝和点评。

这是一个十分有趣的创意，陈晓卿、蔡澜、沈宏非三位老师，随便一位已经足够吸引人，一次找齐三位过来，这绝对是个亮点；深入食材产区了解食材，这也是观众感兴趣的；找来全国的名厨做菜，观众也会大开眼界，兴趣满满，这节目肯定会火！

“问题是，”王圣志导演的眼神忽然从充满憧憬变成有些恍惚，“由于疫情防控政策，蔡澜先生来不了内地；上山下乡，崇尚‘乌龟养生学’的沈宏非老师表示他干不

了；陈晓卿老师虽然私下表示可以抽出时间拍一两集，但他可是有组织的人，让他在美食节目出镜，这得与他的组织腾讯谈条件，腾讯的条件是，可以免费让陈晓卿老师出镜两集，而且这个节目必须在腾讯首播，腾讯不付任何费用。”

看着我疑惑的表情，王导安慰我说：“放心吧辉哥，我们可以和腾讯谈好的，谈判就是个讨价还价的过程。”这个变化太大了，三位美食大咖不仅是这个节目的亮点，而且有了他们，才可以吸引来自全国的名厨啊！即便可以与腾讯谈好条件，请来陈晓卿老师做两集，那其他几集怎么办？名厨们怎么请过来？

我向王圣志导演坦言，这是这个节目的核心问题，但美食节目的电视传播这些问题我根本不懂，在这方面我绝对是门外汉，既给不了意见，更提供不了帮助。我能给到的帮助是在食材和烹饪方面提供一些参考意见，至于这些意见管不管用、他们采不采纳，我可不管。

深入食材原产地，这可以通过接触食材的生产环境，了解食材。但这只是感官接触，而食材的本质有科学部分，这方面我可以提供帮助。比如永春白番鸭，巫总在保育方面所做的贡献，体现在美食上就是品种对风味的贡献，对环境、食物的挑选，养殖时间的付出，也对永春白番鸭的风味起了关键作用。对这些方面进行挖掘和陈述，既揭示了美味形成的秘密，也彰显了美味的来之不易。美食不仅仅是厨师们的艺术创造，还是食物采集者、培育者、种植者的探索和付出，把这些问题讲清楚，食客们就不会囫囵吞枣，可以吃个明白，也会吃出美味。

见到王导连连点头，他的团队在认真地做笔记，我觉得我的任务基本上完成了。至于其他问题，不是我能操心的，也不是我该操心的。

沉默片刻，王导突然说："辉哥，我觉得你非常适合出任出场嘉宾，代替蔡澜、沈宏非老师的角色。"我连连摆手摇头："那可不行，与陈晓卿老师、蔡澜先生、沈宏非三位老师比，我就是一个'小学生'，见识和知识不足不说，影响力更无从谈起。观众可以冲着他们收看节目，名厨们可以因为他们放下几天工作出镜，我可没这个能耐。再说，我的形象不佳，也没出镜的兴趣，做节目的美食顾问倒是可以的。”

一个上午的会议，时间过得很快，大家回房间收拾行李，去吃午饭后就回厦门。午饭安排了永春特色菜“咯（gē）摊”，其实就是猪骨浓汤火锅，传统的咯摊，是一个九宫格火锅，大家各自点菜点肉拼桌拼锅涮着吃，所以取名“咯摊”，也有一说是火锅发出“咯咯咯”的声音而得名。中国民间的美食总有众多版本，这是以前缺美食家记录的结果，谁是谁非已无从考证，反正只要不是吃鸭，吃什么、叫什么，我都没意见。

午饭后启程，王导把我送到“酱油哥”公司，大家约定再联系，就此别过。晚上“酱油哥”约了“海鲜大叔”

和红得发紫的“上青杰哥”一起，在厦门最好的日料店酉辰吃饭，杰哥当天刚在那里杀了一条120斤的蓝鳍金枪鱼，并做了“吃播”，我们实现了金枪鱼自由，不亦快哉！

第二天一早，“海鲜大叔”带着我逛了著名的“八市”。尽管是休渔季，市场上的海鲜也是琳琅满目，边看边听他介绍厦门海鲜，干货满满。“海鲜大叔”的海鲜知识太丰富了，名副其实的“知识的海洋”，把我这两天的疲劳一扫而空。

掐着时间逛完市场，时间差不多了，“海鲜大叔”把我送到机场，交给了机场的张书记，张书记在机场休息室请我吃了一顿简餐，又把我送到飞机上。厦门人的热情和周到，令人感动，我检讨了一下自己的待客之道，真是汗颜。

这趟厦门之行，真可谓累并快乐着。

知识链接

厦门第八市场俗称“八市”，最早形成于20世纪30年代，位于厦门海边的老城区，卖海鲜、蔬菜、鸡鸭肉类，也有很多厦门著名的特色小吃店，承载着无数人的“厦门味道”。

原来你是“汪伦”

我以为基本完成了王圣志导演给我的任务，没想到很快就接到王导的电话，电话里王导用急促的语调说，他有一个全新的思路，急于与我沟通。我问电话里面能否说得清楚？王导说不行，他得带上团队到广州，与我开个会当面沟通。于是大家约好，7月11日他带主创团队来广州，当天下午3点大家见面开会，晚上我请他们吃饭。

飞机准点到达，但王导他们到酒店就是中午了，我有午休的习惯，就不陪他们吃午饭了，大家约好还是下午3点开会。下午2点的时候，梁娜给我发微信，说王导临时有个电话会议，与我见面的时间需要推迟半个小时。下午三点半左右，王导带着主创团队到了，一见面，王导大声说：“辉哥，对不起，我也午睡了，所以推迟了半个小时。”这时梁娜终于忍不住了：“王导，我再也不帮你编迟到理由了，每次你都不按事先对好的剧本说！”王导说：“没事，没事。辉哥是自己人，自己人不用编故事，如实说就好。”

这个头开得真好，我变成“自己人”了，看来下来的话题有点不好接。果不其然，王导说，与腾讯的谈判告吹

了，陈晓卿老师参加不了；蔡澜先生人在香港，到内地要先隔离，再说让老人家上山下乡，舟车劳顿，也不现实；沈爷沈宏非已经表示，他“足不出沪”，就待在上海，师傅们带着食材到上海做菜，他品尝品尝、点评点评，这个可以做到，让他到农村，免谈！

这怎么办呢？王导说不用急，流量方面，他们找来了《人民日报》旗下新媒体IP“国家人文历史”合作，这已经是过亿级的流量；加上腾讯视频和福建东南卫视，这个流量已经够了；福建省农村信用社给予资金支持，流量有了，资金有了，故事有了，只要我支持，这事就成了！

我怎么支持呢？王导希望我出任这一季共八集的嘉宾，带着厨师们寻访食材，品尝厨师们的出品并做点评。也就是，原来设想中由陈晓卿老师、蔡澜先生、沈宏非老师三个人分别完成的工作，全让我一肩挑。这招我哪敢接？我甚至怀疑，什么陈晓卿、蔡澜、沈宏非出现在这个节目的伟大构想，究竟有没有过？很可能就是王圣志导演“诱敌深入”，让我一步一步陷进他一早已设好的“陷阱”的剧本。

已经顾不上这是否是套路，王导说开机时间已经定了，第一集就拍永春白番鸭，共三天，万事俱备，只欠我点头答应，这哪是来与我商量？简直是“逼宫”啊！

事情到了这个份上，仿佛已经没有退路。我告诉王导：“其实不需要出场嘉宾串场也可以拍，由三位师傅去探访食材，做出不一样的美食出来，也是可以的。我还是做好幕后顾问的角色，让我担任八集串场嘉宾，观众会有审美疲劳，我也没这个号召力。人贵有自知之明，每个人

都应该认识到自己的边界，让我写写我自己风格的美食文章，给美食纪录片当个不用负责的顾问还行，在节目里上蹿下跳，我可没这个本事，我也不喜欢扮演这种角色。自己不自量力事小，耽误你王导的大事这责任可就大了。再说，八集下来，就要三四十天，我哪有这个时间？”

王圣志导演这回变得异常坚决：一、只要我同意，他们已经决定这就干，他们有信心做好这个节目，不会有什么责任，也不需要我负责任；二、希望我能够帮忙，牺牲一个多月的时间，他们并不是集中时间拍摄，拍一集会休息几天，这样我可以兼顾我自己的生意，把对我的影响降到最小；三、如果我同意，就先拍一集，他们剪辑出来让我看看，我觉得满意了再继续拍，不满意，觉得没必要浪费这个时间和精力，我可以退出，他们再推倒重来。

话都说到这个份上了，还有什么可说的呢？我只能答应了，只是说这是个美食节目，主角应该是食物和厨师，作为一个被他们看中的“冒牌美食家”，希望只起一个串场作用。王导让我放心，他们和我的认识高度一致，怎么讲故事，这是他们的专业，我只管放开讲就是。我问开拍时间是否已经定了，王导说当然要迁就我的时间。我早已答应女儿花生，暑假带她回老家奶奶那里玩两天。王导说：“辉哥，你还是回家商量商量，改改时间吧？我们开拍时间还是不要改了，团队50多号人已经集结完毕，每等一天都是成本啊！”

这哪是商量？说得都很好听，却只有答应这一个选项，这王圣志绝对是一个好导演，所有人都只能按他的剧本出演了。会议开到下午6点，也快到了晚饭时间，既然如此，那就好好吃饭吧！大连食材供应商“墨鱼老师”刚好来广州，我帮他约了粤菜的吴玉擎师傅和客家菜的李雄宾师傅，大家晚饭就凑到一起了，完成任务的王导兴高采烈，频频举杯，当场邀请吴玉擎师傅和李雄宾师傅参加这个节目，而且就让吴玉擎师傅拍第一集。原来连第一集让哪个师傅上都还没定，这王导，不是心中有数，就是见招拆招，走哪算哪啊！

说回永春。后晋以前，永春都叫桃源，那里盛产桃子，当然也是桃花盛开的地方，现在还保留了桃城和桃溪的名称，可惜这些地方已经没有了桃树。这让我想起了李白与退休县官汪伦的故事：视陶渊明为偶像的李白，被逐出长安后，喜欢到处游山玩水，退休县令汪沦想见偶像李白，便以他那里有“十里桃花，万家酒楼”把李白“骗”了过去，李白到了之后才发现，哪来的十里桃花？哪来的万家酒楼？桃花有是有，不过只有几十棵桃树。酒楼也并非没有，却只有一家。李白问汪伦，你的十里桃花、万家酒楼在哪呢？汪伦说，那几十棵桃树的地方，就叫十里，这就是“十里桃花”，那个酒楼的老板就姓万，所以叫“万家酒楼”！李白哈哈大笑，还留下了一首《赠汪伦》：

李白乘舟将欲行，忽闻岸上踏歌声。
桃花潭水深千尺，不及汪伦送我情。

我不是李白，但王圣志导演绝对是“忽悠高手”汪伦。

永春白番鸭

篇二　永春白番鸭

大暑天，
我们一行人走进永春，
品尝到了永春人心中『妈妈味道』的白番鸭。
这次，三位师傅用外面的味觉偏好来处理白番鸭，
以期让白番鸭走出永春，走向全国。
他们成功了吗？

古人花式做鸭

7月23日开拍，22日就必须抵达永春，这回由另一位制片人麦太与我联系，帮我订了22日下午飞泉州的机票，不过这回变成了经济舱。看来上次为了请我，王导是咬牙下了大血本。第一集的师傅是闽菜大师吴嵘师傅、粤菜大师吴玉擎师傅、杭州江南渔哥餐馆的阿森师傅。这三位师傅的风格我都熟悉，我这边没什么好准备的，到时飞过去就是。

7月15日晚上，梁娜突然向我求援，说江南渔哥的阿森师傅临时上不了，我猜是阿森师傅看不上这节目。节目组认为眼前必须赶快找一个师傅，而且是要与我熟悉、能跟我搭档的，希望我推荐一位。我认为，厨师们才是这个节目的主角，应该是我去适应他们才对，哪个师傅上节目，都该由我去理解他们，希望节目组能自己找，如果实在找不到，那就让做客家菜的李雄宾师傅上吧。

16日，王导来电话说，第一集的师傅已经落实了，他考虑安排李雄宾师傅在另一集，这一集他们找来了一位北京大妞，曾在西班牙学厨的西餐师傅周正檬，美女一枚，也是我的粉丝。檬檬我见过，在北京一个新书发布会上，

她是嘉宾之一，印象中她聊了她在西班牙学厨的经历，是很有意思的一个女孩。美女师傅用西餐演绎如何做鸭，这够有趣的。吴嵘师傅是闽菜摘米其林星的第一人，是黑珍珠、金梧桐美食榜单的常客，既当主厨又当老板。吴玉挚师傅在2022年收获满满，由他主理的餐厅首次获得黑珍珠一钻，在某个比赛中刚获得冠军，让他们两位表演如何做鸭，太简单了。

中国人吃鸭的历史可谓悠久，一开始吃的是野鸭，就是《尔雅·释鸟》里说的“舒凫（fú），鹜”。王勃著名的《滕王阁序》里“落霞与孤鹜齐飞，秋水共长天一色”一句，里面也提到野鸭。北宋邢昺给《尔雅》加以注解，说“野曰凫，家曰鸭”，就讲得很清楚，驯化了的

“凫”，就被称为鸭。唐中宗景龙二年（708年），官拜尚书左仆射的韦巨源为敬奉中宗而举办了一场豪华的烧尾宴，菜单里面就有鸭。袁枚在《随园食单》里一口气列出了十种用鸭子做的菜，计有野鸭、蒸鸭、鸭糊涂、卤鸭、鸭脯、烧鸭、挂卤鸭、干蒸鸭、野鸭团、徐鸭，种种做法精彩得很。比如“野鸭”的做法，将鸭肉切厚片，用酱油腌制，再用两片雪梨夹住鸭片煎炒。这有点像西餐，不过我怀疑袁枚弄错了，可能是两片鸭肉夹住一片雪梨，否则两片雪梨夹住一片鸭肉，怎么煎熟鸭肉？还有用水把鸭煮到八成熟后去骨，切大块，放入原汤内炖，加三钱盐和半斤酒，加入山药泥或芋头勾芡，再加姜末、香菇、葱花，这个“鸭糊涂”，想来味道应该不错。

我们现在吃鸭，除了烤鸭、盐水鸭、卤鸭、烧鸭和鸭汤，做法上鲜有变化，这主要是可供我们选择的肉类多了，相比之下，鸭肉不论从风味上还是价格上都不具备优势。在鸭子的养殖方向上，让鸭子长得更快、更大

远比养出风味更佳但长得慢的鸭子重要，这就更加速了鸭肉边缘化的进程。现在有了优良的永春白番鸭，三位名厨用心创作，做出比《随园食单》更精彩的鸭菜，应该可以期待。

7月22日晚上，大家准时抵达永春，一切准备就绪，只待明天拍摄了。

又见白番鸭

7月23日，正好是大暑，节目就在这样的大热天开拍了。日程是上午逛永春农贸市场，到巫总的白番鸭保育基地了解白番鸭，并品尝巫总做的白番鸭汤；下午三位师傅各做一个菜，我负责品尝和点评。

在农贸市场，大家分成两队，吴玉擎师傅和周正檬一队，我和吴嵘一队。我们随便问随便逛，自由发挥。没有了颜主任打前站，到了一些档口，档主居然不允许拍摄，即便跟他解释说我们是一档美食节目，他们上电视只有好处没有坏处，档主也很严肃地拒绝了，说影响他们做生意。看来，并不是所有档口都喜欢上美食节目，节目组这种不事前做工作的做法，虽然增加了我们了解市场和拍摄的难度，却也保证了节目的真实性。陈晓卿老师说“王导是个好导演”，此话不假。

在一个鸭档，卖的是法国克里莫番鸭，价格只有永春白番鸭的一半，对于普通市民来说，永春白番鸭太贵了。而卖鸭的档主，闭口不谈永春白番鸭，只以“番鸭”称之，这样你买到法国克里莫番鸭也怪不到他，谁又能说克里莫番鸭不是“番鸭”？我指着番鸭的眼睛，告诉吴

嵘，番鸭长到一定的时间，眼睛周围会长出一串皮瘤，档主一听急了：“不会长瘤，只是红圈圈！”这就尴尬了，如果沉默，这一段播出去，不明真相的观众真把我当成胡说八道的“专家”了；与他辩论吧，他的认知也就如此，说他卖的鸭长瘤，他想到的是“肿瘤”，有肿瘤的鸭子，谁买？他又怎么可能知道，著名的潮汕狮头鹅，一个老鹅头卖到上千元，大家痴迷的就是它头上长的大肉瘤。想了想，我还是选择沉默，尴尬地笑了笑，走了。

从农贸市场出来，大家坐车去到巫总的白番鸭保育基地。这个地方我一个月前来过，一条单行道水泥路通到山上，这段路还算好走，但进基地还有一千多米的土路，并不好走。为了增强画面的乡土气息，节目组安排了一辆没顶棚的小货车，搬来几个沙包就当椅子，让我们四个人

坐在上面进山。没有扶手，路两边还长着杂草，随时会打到坐在两边的人身上，头上还顶着炎炎烈日。没办法，只能服从安排。尽管我是年纪最大的，但我还是选了最边的位置，毕竟我来过，真有紧急情况，我比他们懂得该如何应对。其实，王导比我们更辛苦，他就蹲在我们前面，指挥着摄像拍摄，我们坐着沙包还算舒服，他屁股底下是铁皮，室外温度超过40℃，屁股不敢碰铁皮，只能蹲着。看来，导演这个工作，并不轻松。

再次见到巫总，有了老朋友的感觉，这是一位实在又执着的人，配合着我们介绍和拍摄。他已经用柴火炖好了一铁锅白番鸭汤，仅下几片姜和一小撮盐，已经鲜美得

不得了，与上次吃的相比，优秀太多。由于白番鸭本身氨基酸和风味物质足够丰富，虽然部分释放到汤里，但仍有相当一部分留在肉里面，结果就是汤鲜肉香且甜，这完全得益于现宰现煮。自从听了我上次分析的冰冻对肉风味和口感的影响，他已经开始考虑能否在广州附近养殖永春白番鸭，或者把活鸭运到需要的城市。是的，这么优秀的产品，值得花心思好好琢磨。

这个鸭汤，实在是太优秀了，好的食材，不需要给它做太多的加法。不知道三位师傅喝了这个鸭汤，有何启发？

初烹白番鸭

大暑天在户外拍片，一个上午下来，大家已经汗流浃背。中午回酒店休息，下午三位师傅做第一轮菜，我的任务是品尝和点评。

大概是为了增加戏剧效果吧，三位师傅忙着做菜，节目组却把我扔在酒店房间里，美其名曰让我先好好休息，等差不多了再接我过去。外面热得可以晒成“干尸”，估计三位师傅应该是在酒店厨房里忙活，我也就乐得清凉，在酒店房间里叹（粤语，享受）空调、泡工夫茶，翻阅带来的《苏轼全集》。我争取在2023年静下心来，看能不能完成《苏东坡的美食地图》，这是一个我构思多年的计划，一直不敢动笔，因为没有做好充分的准备，贻笑大方事小，对不起全国人民的偶像苏轼事大。

下午四点半，终于接到制片人麦太的电话，我可以下楼了，她在楼下等我。原来师傅们不是在酒店的餐厅做菜，而是被拉到几千米外的熟地产业园里，节目组在几棵黄皮树底下搭了一个可供两位厨师使用的流动厨房。黄皮果飘香，炊烟袅袅，这样拍起来视觉效果当然不错，可是，三位厨师，两个灶位，就显得局促了。好在三位师傅

都还年轻，不缺活泼和机灵，又有一位美女厨师在其中，互相迁就和谦让，说说笑笑，倒也井井有条。到的时候，三位师傅只剩下收尾工作了，我过去瞄了一眼，就被劝回房间“休息”，看来节目组是想让我盲评。

只瞄了几眼，我已经看出了节目组的专业与不专业。厨房是临时组装的，两个厨位各有两个炉头，有一个还出故障熄了火；橱柜、灶台、炉具、油和各种酱料这些极具广告价值的亮点通通没有开发，这些品类的商家都是很愿意赞助这类美食节目的。如果能找到知名菜刀商家赞助，让他们的菜刀在节目中拍拍蒜，要几百万元的广告费不成问题。但是，这些商业开发方面的不专业，恰恰反映了王导在美食纪录片拍摄方面的专业：只考虑好好拍片，拍好内容，排除干扰，这是多么奢侈的艺术创作啊！

盲评的时候到了，我被请到厨房，三位师傅简单地介绍了他们的菜品，就让我马上吃、马上评。做核酸检测，出报告都要等一段时间，王导把我当成食物检测仪了。幸好对永春白番鸭我已经有了充分的了解，否则，这种盲人摸象式的吃评，不弄出个大笑话才怪。弄出大笑话，估计正是节目组的心愿，这种不惜牺牲“冒牌美食家”声誉而博观众一乐的做法，让我看清楚了王圣志“阴险”的一面，看来，周正檬以“王至奸”称呼他，是恰当的，我得防着他点。

周正檬做的是意大利海鲜饭。将永春白番鸭与番茄、洋葱、胡萝卜、烧焦的甜椒等蔬菜熬成浓酱，用这个鸭酱和意大利米加上文蛤做成海鲜饭，最后加上大蒜味的蛋黄酱。这是一个鲜味的西式组合，白番鸭和番茄贡献了谷氨酸，文蛤贡献了肌苷酸和琥珀酸，这些都是鲜味的来源。各种蔬菜贡献了复杂的风味，特别是烧焦的甜椒，带来了特别的烟熏味。而加了大蒜的蛋黄酱，蒜氨酸酶分解了蒜氨酸产生的少量大蒜素，因为量少，所以是香的，如果多了，就是蒜臭味，吃的人没感觉，可一亲嘴，非被推开不可。蛋黄酱是橄榄油和鸡蛋黄经搅拌乳化的结果，蛋白质一头抓住油，一头抓住水，就如浓缩的牛奶，赋予了丝滑般的口感。意大利大米支链淀粉含量少，怎么煮都不会抱团，做成夹生饭，吃的时候必须咀嚼充分，吸足了酱汁的夹生饭将鲜味和香味逐层释放，夹生饭这时变成了一个“风味银行”，先存后取。按海鲜饭的标准，檬檬这道菜非常精彩，但今天的主题是表现永春白番鸭，这种吃鸭不见鸭，不说里面有鸭熬出来的酱，再强大的舌头也吃不出有鸭子的存在，一句话：主题不突出！当然了，在电视镜头前，我说得通俗一点，否则一堆专业术语，观众听不懂。对檬檬的菜品评价也没那么尖锐，我已经防着王导一手，冲突是他的追求，我本来就不是刻薄之人，再说了，人家还是美女呢，谁说得出狠话？

吴嵘师傅做的是麻笋鸭汤。将鸭肉分解，骨头和猪肚熬汤，加当地的麻笋和文蛤、马蹄，煮出一锅鲜味十足的竹笋鸭汤。鸭肉起片，用蛋清和淀粉锁住水分，在鸭汤里焯一会儿，盛出一碗鸭肉、猪肚、竹笋汤，真的“鲜到掉了眉毛”。不愧是“鲜味大师”，将永春白鸭的谷氨酸和文蛤的肌苷酸、琥珀酸共冶一炉，夏日的麻笋，天冬氨酸最是饱满，鲜得简直就想破壳而出，又怎能逃过这位鲜味大师的火眼金睛？猪肚的加入，是为了给鲜味多点厚重感，而马蹄的运用，更是神来之笔：鲜味是一种很神奇的味道，它往往与甜味结伴同行，马蹄释放出来的甜味彰显了鲜味，同时也掩盖了麻竹笋可能带来的苦味。将白鸭分解，估计是受了昨天巫总白鸭汤的启发，让鸭骨出味，让肉留住味道。吴嵘对食材的理解和厨艺的运用，已经是行云流水，游刃有余了。

吴玉擎师傅带来的是粤菜的做法——白鸭鲍鱼煲。将永春白番鸭斩件，估计还焯过水，姜片爆香后炒香鸭肉，再加水焖煮；鲍鱼起花刀，切断其肌肉纤维，既便于热量渗透，又方便入味；鸭肉焖至软硬适中时，加入鲍鱼翻炒焖煮片刻，再加入他的秘密武器——客家粉尘酱。所谓粉

尘酱，就是薄荷加辣椒剁碎，这个酱是吴师傅从广州带过来的，通过浓烈的薄荷脑、薄荷酮、樟烯、柠檬烯等香味物质和辣椒素的强烈刺激，既可以把腥味、膻味掩盖，又赋予食物浓烈的香味。吴玉擎师傅对焖煮手法运用十分娴熟，鸭肉不硬不软，吸足鸭汁的鲍鱼不失鲜爽，这个菜，鲍鱼比鸭肉好吃！

一番瞎评，见王导频频点头，竖起大拇指，我知道我今天的工作算是圆满完成了，节目组先送我回酒店，而三位师傅则捧着他们做的菜，到处找附近的村民品鉴，据说评价不佳，对他们打击蛮大的，这会不会影响他们第二天的发挥呢？

知识链接

白番鸭汤鲜美，在于氨基酸和风味物质足够丰富，这些物质部分释放到汤里，但仍有相当一部分留在肉里面，结果就是汤鲜肉香且甜。

再做永春白番鸭

对美食电视传播我是一窍不通，所以不会主动给什么建议，但三位师傅第一天的出品不被当地人认可，对他们打击很大，可能会影响他们接下来的创作，这个时候我可得说说了。

一个地方的味觉偏好需要相当长的一段时间形成，所以不容易改变。之所以会形成某种味道和口感偏好，是有它的文化和逻辑的。比如永春番鸭，当地的偏好是炖汤，加各种中药，而且要炖得软烂。这是因为在物资匮乏的年代，取得蛋白质向来不易，鸭子不是随便杀的。在那个时候，女人生孩子、病人大病初愈等需要补的时候，蛋白质就是最好的补品，于是寄予它的功能远远不止是美味，加上中药，就是为了实现各种“功效”。产妇、病人可能胃口不好，做成汤就是最佳的“进补”方式，仅管汤里只有5%的蛋白质，其余的95%还在肉里面。这个道理，很多现代人都不懂，更不要说古人了。

再者，闽南文化素有敬奉祖宗、拜神和敬老的传统，年节的时候杀鸭，先拜祖宗神明，再给人吃。给什么人吃？老人优先！虽然是一家人都吃，但以老人家的饮食标准为准。老人家普遍牙口不好，所以需要炖煮得软烂。

就是这些原因，造就了永春人对白番鸭的审美标准。这种味觉偏好，在他们七八岁的时候便固定了下来，就是所谓的“妈妈的味道”，谁又能改变一个人对“妈妈味道”的认同呢？

我们需要做的，不是如何取悦永春人民的口味偏好，他们有番鸭汤、姜母鸭已经够了，我们需要的是用外面世界的味觉偏好来处理白番鸭，让白番鸭走出永春，走向全国，所以，当地人是否认同并不重要。

王导觉得我言之有理，原本不想我影响师傅们创作的原则似乎有所松动，于是，让我将这些看法说了个清清楚楚，师傅们似乎也觉得我说得靠谱。

第二天上午，安排的是让三位师傅去拜访当地的厨师，寻找创作灵感，而我则被王导拉去农贸市场拍摄各种碳水化合物去了。从农贸市场出来，又被拉去农村信用社颜主任家，农信社是这个节目的赞助商，颜主任鞍前马后，倒更像是给节目组提供后勤保障的，这样的赞助商真心难得。我和颜主任都是同一个时代的人，经历从物资匮乏到如今营养过剩的年代，抚今追昔，真是感慨万千。我们在颜主任家吃的午饭，颜主任夫人做饭手艺很是不错，姜母鸭做得特别入味，虽然用的是克里莫白番鸭。与颜主任聊天、吃饭的过程都被拍了下来，这与节目又有什么关系呢？

下午拍三位师傅做菜，是在一片水稻田前面，我照例被要求在酒店等待，等到5点多到达现场，烈日依旧，三位师傅都按要求换上了厨师服。上面一个大太阳，旁边一个大火炉，再穿上厚厚的厨师服，这让人想到一个词——外焦里嫩。真是难为三位师傅了！

等到我做食评，已经需要灯光侍候了。和我一起做食评的还有“鸭王”巫总，他负责说“好吃”和“太好吃了”！我总不能重复，只能凭着感觉和经验，点评了一下。

周正檬做了两个菜，一个是昨天意大利海鲜饭的改良版——白鸭海鲜饭，为了突出主题，在浓鸭酱中加了鸭肉，饭也照顾到中国人的饮食习惯，做得不像昨天那么夹生，这下终于吃鸭见到鸭了，确实是一大进步。另一个菜，则是我昨天与她沟通了的：取鸭胸脯肉，用菠萝汁浸泡，菠萝汁里的菠萝蛋白酶分解鸭胸肉的蛋白质，肌肉因此变得嫩滑；将鸭骨与蔬菜做出浓酱，鸭胸肉煎成五成熟，淋上鸭酱，这样可以吃到鸭肉的鲜和嫩。

吴嵘则给鸭来了个大变身：受当地人喜欢白鸭汤的启发，只取几种药材，由于控制了用量，这些药材于是变成了香料；下少量水和当季的荔枝，与一整只鸭一起煲至水干。鸭子的鲜味先被萃取了出来，再与几种药材释放出来的香味和荔枝的甜味汇合，重新进入到鸭子里面。这个菜一打开盖，连田野都飘着香味，摄像师和灯光师都站不稳，肉质软烂，汁液横溢，而鸭皮和结缔组织释放出来的胶原蛋白，让胶和糯放肆地四处奔走，遗憾的是缺了一碗大米饭。

吴玉擎师傅从广州带来的一箱冬瓜则派上了用场。也许是受了吴嵘昨天分解白鸭的启发，他用鸭骨熬出上汤，再与瑶柱、鲜虾、薏米做成迷你冬瓜盅，临上桌前再用鸭汤焯熟鸭肉放进冬瓜盅里。粤菜是善于学习的，把永春白鸭做出粤味，吴玉擎师傅应该在从广州出发前就已经想好了的，现场只是稍加变化，老经验解决新问题，也是一种解决方法。

对各位师傅的表现做了点评后，最后王导还对我进行了总采，聊白番鸭和当地口味偏好的养成。原来把我拉到

市场和颜主任家，是让我体验生活。这个导演喜欢在生活中寻找道理，绝对地接地气。

这一集的拍摄任务算是完成了，在回酒店的车上，我给“累成狗”的王导讲了一个故事：“有一天，一个病人来看老中医，老中医问他哪里不舒服。病人说你是医生，还看不出我哪里有问题？除了允许医生把脉，其他通通闭口不说。望、闻、问、切是中医看病的四大要素，只

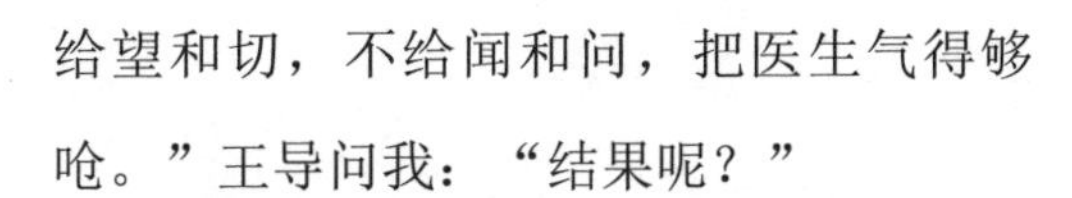

给望和切，不给闻和问，把医生气得够呛。”王导问我：“结果呢？”

结果就是，病人被医生赶走了，你既然不给医生闻和问，那医生干脆就“不闻不问”！

让我只带一根舌头做盲评，我没这个本事，美食家也是要对食物和烹饪过程充分了解才能给美食做评价的，这种突然袭击式的食评，难度太大了！我在心里想，你王圣志导演不仅仅是会“忽悠”的汪伦，还是不讲理的“病人”，而且，病得不轻！

下一集能否继续合作，得看你王导“病”好了没有。

迷你冬瓜盅

篇三 清流腐竹

中国人有几千年的吃豆历史，
五花八门的豆制品更是从古至今深受国人追捧。
这次走进清流县，
我们发现，
这里的腐竹竟然久煮不烂，
三位师傅如何运用多年积累的烹饪经验和美食理论，
将清流腐竹的特点发挥好，
让我们拭目以待！

拍摄前的准备

从永春回到广州的第三天，制片人麦太就发来了微信，说第二集的拍摄日期已定好，让我留出时间。

拍什么内容？在哪里拍？请到哪三位师傅拍？这些核心内容在我的追问下，执行总导演、不算很养眼的杨粪才发给我一些“百度级”的资料。

这一集准备拍清流县的腐竹，节目组选中它的理由是“这是一个获得国家地理标志产品保护的产品，已有800多年的历史，是清宫贡品，具有香、醇、甜、韧、一煮就熟、久煮不烟、食用方便等特点”。

这些“卖点”远远无法引起观众的兴趣，只要有豆腐的地方，就必然有腐竹，连杨白劳当年的死都与豆腐有关，他可是喝盐卤而死的。而盐卤，就是做北豆腐的原料之一，把豆子做成豆浆，上面一层皮凝固了揭出来晾干就是腐竹，放点盐卤进去就是豆腐。如果当时只做腐竹不做豆腐，就不需要备盐卤，杨白劳也就……扯远了，我赶紧给了节目组一个补充调研清单，内容包括以下几个方面。

1. 调研清流所产大豆的蛋白质、脂肪、淀粉含量，并与其他产地的大豆做比较；

2. 清流的水估计是弱碱性，调研制作豆浆用水的酸碱度；

3. 说清流腐竹是清宫贡品，有何证据？调研相关的文史资料。

这些数据或资料，是探究清流腐竹为什么好、好在哪里的关键。尽管这只是一个美食节目，不是科普节目，但要在“祖国处处有腐竹”的今天，让大家相信清流腐竹好，可不是一个“国家地理标志产品”就能把吃货们说服的。能够打动吃货们的美食纪录片，背后是深入而广泛的田野调查，节目组也应该有足够的知识储备，背后应该有强大的科学顾问团队和美食顾问团队支撑，前期准备辛苦点、充分点，这是必要条件。麦太希望我能推荐这一集的厨师，这一点确实无能为力，我连这种食材都还没了解，如何说服厨师们来参加这个节目呢？可能王导知道了这

个情况，想起了与我之前“先拍一集再看看”的约定，赶紧给我电话，说厨师的事他已基本落实，清流县是客家地区，他让广东客家菜师傅李雄宾上这一期，看看同样是客家菜，李师傅会带来什么惊喜。这一集，他找来的美女主厨是毕业于全球顶级的烹饪学校——里昂保罗·博古斯酒店管理与厨艺学院，本科专业为烹饪艺术与餐饮管理的邱天，据说也是我的粉丝。而另一个重量级的大厨，王导则已经向今年黑珍珠餐厅指南年度主厨王勇发出邀请，正在等待王师傅的回复。

这是我一直担心的，虽然王圣志导演在美食纪录片领域里也是颇有成就的，但在这个领域，陈晓卿老师的光环太耀眼了，大家只认识太阳，第二位的只能是星星，连月亮都算不上。这个节目一集就要耗师傅们四天时间，没有任何报酬，这个阶段名厨们肯上来，都是情怀和情感啊！

我建议王导还是赶紧把第一集剪出来，内容和效果出来了，才好吸引厨师们。王导说第一集的剪辑工作正在紧锣密鼓地进行，我8月10日到福建的时候应该可以看到。

看来，“把第一集剪出来，你再决定是否继续合作”的承诺，王导是装作忘记了。开弓没有回头箭，我又怎么能够撒手不管呢？这艘“贼船”，看来是下不来了，继续操心之旅吧。

知识链接

盐卤，也叫卤水，是氯化镁、硫酸镁和氯化钠的混合物，可以使蛋白质凝固，常用于制作豆腐。

神奇的豆制品

这次没有时间先到清流县做田野调查，只能依赖节目组了。我列的问题清单，节目组还在努力找答案，但时间紧任务重，我自己也开始找资料学习了。

说腐竹，不得不说它的原料大豆。大豆脂肪含量在20%左右，因此被用来榨油，大豆蛋白质含量40％左右，比肉类含量还高，牛肉、鸡肉、鱼肉的蛋白质含量分别为20％、21％和22％，差了近一倍。在动物蛋白质不容易得到的年代，中国人把大豆做出了五花八门的产品，除了腐竹，还有豆浆、豆腐等豆制品。这些豆制品令人眼花缭乱，什么水豆腐、干豆腐，还有卤制豆制品、油炸豆制品、熏制豆制品、炸卤豆制品、冷冻豆制品、干燥豆制品，数不胜数；而经过发酵的豆制品比如腐乳、臭豆腐、豆瓣酱、酱油、豆豉、纳豆等，家家户户吃饭时同样也离不开。

关于大豆的起源，有这么一个故事。古希腊神话中的农业女神得墨忒耳给了出远门的女儿普西芬尼一粒大豆，说能“消除邪恶，防治百病”。善良的普西芬尼遂把这粒大豆留给人间传种繁衍，大豆就成为世界一大农作物。这种神话当然不靠谱，世界植物史公认的是，大豆种植起源于中国，至于原产地则有两种说法，一种认为大豆的原产地是云贵高原一带；也有部分植物学家认为大豆是由原产中国的乌苏里大豆衍生而来。不论哪种说法，大豆都姓“中”。现在种植的栽培大豆是野生大豆通过长期定向选择、改良驯化而成的。我们现在大量进口的美国大豆，也是1804年才从中国引进的。不仅是美国，世界各国栽培的大豆都是直接或间接从中国传播出去，现在我们从他们那里进口，不给我们优惠一点，实在说不过去。

外国人吃大豆，把它煮烂，加点番茄汁，已经算是复杂了，于是有了预制菜茄汁大豆罐头。中国人将大豆做成豆制品再吃，实在是一个伟大的发明：做豆制品，先用水泡豆，大豆的部分嘌呤就跑到水里，高嘌呤变成中嘌呤或低嘌呤，妥妥的健康食品。当然了，这是无心之举，古人

没那么聪明，真正的原因只有一个——易消化。

别看大豆蛋白质含量比肉类高出近一倍，但是，人体吸收大豆里的蛋白质并不容易。煮熟的大豆，细嚼慢嚼成碎片，经过咽喉、食道进入胃中；强大的胃液中含有胃蛋白酶，将大豆中的少部分蛋白质水解成多肽；大豆从胃进入小肠，肝脏产生的胆汁，分泌到小肠中，有助于大豆脂肪的乳化；胰腺产生的胰液，也分泌到小肠，外加小肠自身产生的肠液里面的胰蛋白酶、糜蛋白酶可以转化进入小肠的大多数蛋白质，变成多肽。这时候，大豆自身的胰蛋白酶抑制剂开始使坏，对胰蛋白酶进行干扰，部分蛋白质无法转化成多肽；随着小肠蠕动，大豆蛋白质和多肽向前推动，肠肽酶进一步把多肽转化成氨基酸，小肠内的胰脂肪酶和肠脂肪酶还可以分解大豆中的脂肪，那些转化不了的蛋白质则和蛋白质水解物一起进入了大肠；大肠主要吸收水分和部分维生素，经过直肠、肛门，就将食物残渣排到体外。而不被消化的蛋白质进入肠道，肠道内的细菌发酵会产生大量气体，无处可逃的气体只有肛门一个通道，就是放屁。我们把大豆做成豆制品，就是把大豆里的胰蛋白酶抑制物破坏了，这样就可以让胰蛋白酶排除干扰，专心工作，绝大部分大豆蛋白质就可以被人体所吸收。

豆制品中，不论是风味还是口感，腐竹是最接近肉类的。把大豆做成豆浆，煮沸豆浆后再稍微降温，豆浆表面就形成一张膜，揭下这张膜晾晒，就是腐竹。腐竹的成分不外乎就是蛋白质和脂肪，说清流的腐竹好，就必须从这方面去找答案，而要揭开这个谜团，我们得先弄清楚：腐竹是怎么形成的，好腐竹的标准是什么？

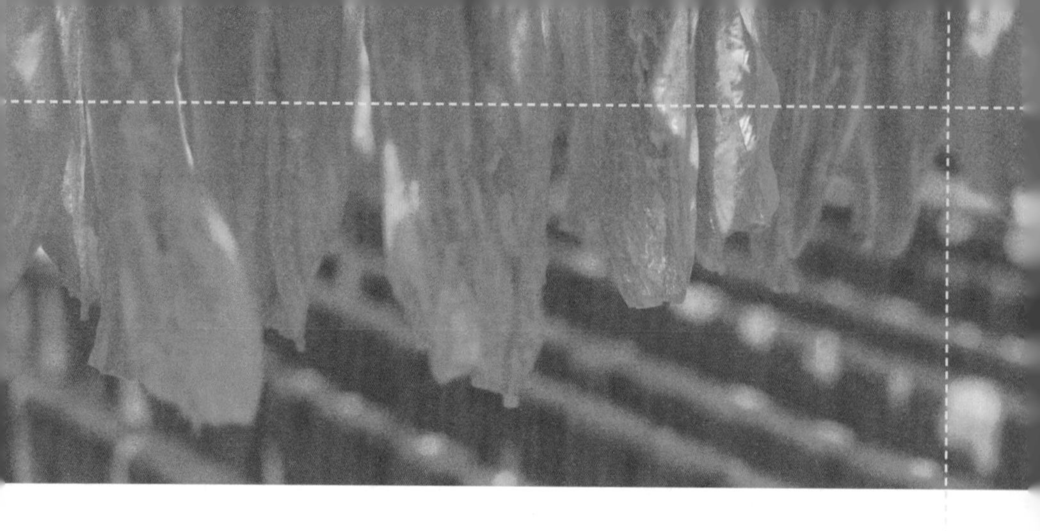

腐竹是怎样炼成的

把大豆做成豆浆，煮沸豆浆后再稍微降温，豆浆表面就形成一张膜，揭下这张膜晾晒，就是腐竹。这个看似简单的过程，其实一点都不简单，比如这张膜形成的原理是什么？这就难倒了中国的科学家，外国没有腐竹，国外的科学家才不会去研究这么“无聊”的问题呢！但我们必须研究，因为弄明白腐竹的形成原理，我们就可以做出更好的腐竹。

哈尔滨商业大学食品工程系、黑龙江省谷物食品与综合加工重点实验室、黑龙江省普通高校食品科学与工程重点实验室的李韦杭、刘琳琳、石彦国、朱秀清等人在2021年发表了《豆腐皮形成机理及品质影响因素研究进展》一文，揭示了豆腐皮形成的机理，科学界目前有以下三种说法：

第一种说法认为："经过热处理的豆浆于85℃下保温，在表面形成一种大豆蛋白——脂类薄膜。大豆蛋白存在于大豆子叶的蛋白体中，大豆经浸泡，吸水溶胀变软，研磨后分散于水中，形成较稳定的蛋白溶胶，即生豆浆。生豆浆中蛋白质分子亲水的极性基团位于分子表面，而疏水的非极性基团位于分子内部，并处于稳定状态。生豆浆加热后，蛋白质变性且结构发生改变，多肽链打开，分子内部的疏水基团和巯基暴露出来，并通过疏水键合成巯基的交换反应，形成分子间二硫键，使胶粒间通过二硫键和疏水键发生聚集，形成多孔的蛋白网络结构。一部分脂肪会以共价键与蛋白质结合，还有一部分脂质被包裹在蛋白质网络结构中，从而在豆浆表面形成一层薄膜，这就是豆腐皮。"

这有点难懂，用通俗的话来说，就是大豆里的疏水基团被蛋白质分子紧密的结构藏在蛋白质分子内部，加热后，蛋白质分子结构打开，这些疏水基团就跑了出来，而且抱团，大豆脂肪与这些疏水基团结合，就形成了豆皮。

第二种说法：豆浆加热，脂肪把蛋白质与水隔开，蛋白质形成了薄膜，就是豆皮。

第三种说法：豆浆中分三种物质，分别是颗粒状的蛋白、油体性的脂肪和分子形式存在的碳水化合物。蛋白颗粒是分散均匀的，加热后底部蛋白颗粒与顶部蛋白颗粒形

成对流，随着热处理和保温时间延长，越来越多的蛋白颗粒聚集在表面，与油体形成了膜，这就是豆皮，而碳水化合物则留在豆浆中。

这三种说法都有道理，不论如何，更多的蛋白质，是形成好腐竹的第一个条件。

脂肪含量和糖分含量也会影响腐竹的质量，脂肪贡献了部分香味，脂肪和糖分含量还影响豆腐皮的延展性和抗拉性、表面的致密性、光滑度和色泽，这些技术指标高，就是好的腐竹。研究发现，当蛋白质与脂肪的比值大于3，蛋白质与糖的比值大于4时，上述技术指标都随之提高，显示出正相关。

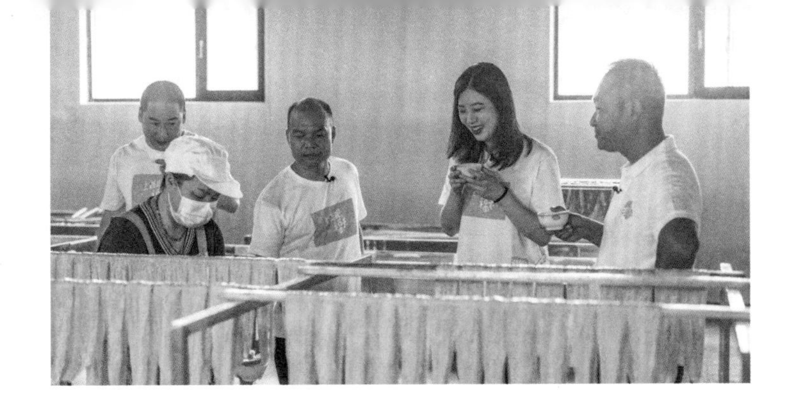

针对以上成果，节目组又再一次去清流县寻找相关数据。说一种食物好，总得有信得过的依据，这些科学研究得出来的成果，就是最靠谱的依据。我不是科学家，看论文，弄清楚这些论文在说些什么，想到脑袋都痛。

不对，我究竟在这部纪录片里担当的是什么角色？操心这些食物科学上的东西，应该是顾问的工作，王导一开始就是让我担任这个节目的顾问，可现在是让我当串场嘉宾啊，这不应该是我的工作。不过，话说回来，人家王导也没让我做这个研究工作呀！可是，我要串场，要言之有物，不把这些问题研究透行吗？

又落入王导的“圈套”了！

知识链接

腐竹的质量还与其脂肪含量和糖分含量有关，它们会影响豆腐皮的延展性和抗拉性、表面的致密性、光滑度和色泽。

清流腐竹好在哪里

与摄制组联系多了，很多具体细节该找谁我也清楚了。据说王圣志导演这几天正在没日没夜地剪片子，小事也就不麻烦他了，有关清流腐竹的资料，我也就直接“指挥”着执行总导演、不是很养眼的杨龚。

前几天我希望能得到清流腐竹各种营养成分的分析数据，最好还能与其他地方的相关数据做比较，杨导今天把一些数据发过来了，是一品一码检测（福建）有限公司对清流

县嵩溪镇鑫牌豆腐皮厂送检的豆腐皮的分析报告。报告显示，腐皮中的蛋白质高达49.4克/100克，远高于国家标准的每100克腐皮里有35克蛋白质的标准。更多的蛋白质，意味着一锅豆浆可以做出更多腐竹，而且总蛋白质含量的提升，也会加速基团交联，豆腐皮也就“久煮不烂”。

报告里脂肪的指标为5.7克/100克，即100克腐竹里有5.7克脂肪，这远低于其他地方的腐竹。蛋白质与脂肪的比例为8.66，好的腐竹这个比值应该大于4，比值越高，豆腐皮的延展性和抗拉性、表面的致密性、光滑度和色泽就越好，这也可以解释清流腐竹为什么更加优秀。

清流腐竹有如此上佳表现，这得益于当地种子站持续的育种科研投入。他们从2002年开始持续不断地从省内外引进了200多个大豆品种进行种植和豆腐皮加工试验，在2007年筛选出种植产量高、豆腐皮加工率高的大豆品种——桂夏豆2号。清流县农业农村局重视豆腐皮原料大豆

品种的筛选，结合承担国家、福建省大豆新品种试验，每年试验大豆新品种30多个，从中筛选适宜在清流种植和豆腐皮加工率高的大豆品种应用于生产，为清流豆腐皮产业原料大豆的生产持续提供品种来源。

杨导取得这些数据，找的是当地的农业主管部门，而当地农业主管部门则是根据杨导的要求马上委托专业检测部门检测，这可以看出当地政府为了扶持当地农产品的积极作为。相比之下，永春白番鸭的营养成分分析目前还是一片空白，这些工作农户做不了，也承担不起。政府的惠农政策和措施该如何落实，在这两个县里就是完全相反的两个例子，虽然还未到清流县，但已经给我留下了好印象。

其实，我这样直接指挥着节目组做调查已经越权，我并没有这个权限，奇怪的是杨导很配合，或许他也认为这些数据很重要吧。这也说明一个问题，我和节目组已经有点不分彼此，这个节目的内容，我一样操着心，虽然没人让我这么做，不知不觉中，我自己却钻了进去。

制片人麦太为我订去清流的票，清流县属三明市，广州至三明的飞机隔天才有一个航班，从三明到清流需要2.5小时的车程；广州至福州倒是航班不少，但福州到清流则要再坐4.5小时的车，这太辛苦了；铁路根本不用考虑，换车不说，第二天才能到达。12日没有广州到三明的航班，原定13日开拍的日期只能顺延一天，这一趟又注定不轻松。节目组经费有限，只能买经济舱，我原来是打算自己买商务座的，但如果我提出自费购买，估计会让他们相当难堪。哎，都成自己人了，又怎能难为自己人呢？于是不提了，来回3个小时的飞机，经济舱就经济舱吧，克服一下也就过去了。

王导告诉我，这一集的厨师已经落实了，王勇大师已经答应录制这一集，加上李雄宾师傅和邱天，这个组合风格各异，一定会非常出彩。

好山好水好腐竹

广州到三明市的航班，只有晚上7点55分的，航班延误了半个小时，到三明沙县机场，还要排队半个小时做核酸，出了机场已经是晚上10点。接机的工作人员问我要不要吃点东西再走，沙县小吃是叫响全国的，可我这时哪有心情吃东西？赶紧上路吧！到清流县城酒店，已经是凌晨，快洗洗睡吧，第二天早上8点10分就要集合出发去拍摄了。

隶属于三明市的清流县，位于福建西部，武夷山南侧，典型的山地，是以低山为主的山区，也是客家人的聚

居地。清流县境内河流密布，九龙溪为干流，嵩溪、罗口溪、罗峰溪、长潭河、文昌溪五大支流汇聚九龙溪，典型的好山好水，名字也与水有关，取“溪流回环清澈”，宋朝时正式叫“清流县”，好山可以出好水，好水也是好腐竹的条件之一。

对于游客来说，清澈透明无异味的水就是好水，但对于豆制品来说，还要加上弱碱性这个条件。这是为什么呢？分子美食之父、法国当代物理化学家艾维·提斯（Hervé This）揭开了这个秘密：植物的细胞被一层细胞壁围住，豆子的壁层成分是果胶和纤维素，要让豆子里的蛋白质出来，首先要改变这硬得跟水泥墙一样的果胶外壳结构。在碱性溶液中，碳酸氢钠会造成羧基把氢离子释放出来而带负电，而彼此都带负电的果胶分子就因为“同性相斥”而开始互相排斥，这种互相“拆台”的结果造成豆子纤维外墙的分解，豆子就变软了。这个解释，讲清楚了为什么山区的豆腐比较好吃。原来，山区多岩石，流经岩石的水含碳酸氢钠，pH值大于7，属于碱性，豆子里的蛋白质更容易析出。当然了，碱性也要适中，pH值太大，含碱量太高，碱的味道太浓烈，又苦又涩，这样做出来的豆制品也不好吃。

弱碱性水对豆制品的贡献还不只让更多蛋白质被萃取出来，它还影响腐竹的诸多方面。水是弱碱性，也会让豆

浆变成碱性，弱碱性条件有利于蛋白质分子的重新排列，促进脂类与蛋白质分子重排后暴露出的极性基团间的作用，表现出来就是韧性更好，不易折断，也就久煮不烂，我们将这样的腐竹称为佳品。同样的，如果用碱性水做豆腐，由于韧性更好，吃起来就是更加滑嫩，不是一盘散沙。碱性水让豆制品的机械性能表现更佳，这也是山区做出的豆腐更受欢迎的原因。

根据我们的请求，清流县嵩溪镇政府请自然资源部福州矿产资源监督检测中心对所在地做豆浆的水进行分析，结果证明嵩溪镇的天然矿泉水源水就是非常合适做豆制品的弱碱性水，pH值为8，这样做出来的腐竹，没有异味，蛋白质含量高且机械性能极佳。

不管是科学理论，还是专业机构的分析数据，都说明了清流腐竹的高品质。当然了，全国各地也有不少优质的

腐竹，比如江西高安腐竹、广西贺州的高田腐竹、广东梅州市五华县的新桥腐竹，但清流腐竹有了这些数据，这样的分析就更有说服力，剩下的，就看师傅们的表演了。

知识链接

碱性水让豆制品的机械性能表现更佳，这也是山区豆腐更受欢迎的原因。但碱性也要适中，pH值太大，含碱量太高，碱的味道太浓烈，又苦又涩，这样做出来的豆制品也不好吃。

古人说腐竹

腐竹的原材料无非就是大豆和水，这两者是决定腐竹品质的关键，而另一个关键因素就是制作工艺。拍摄的第一天，我们到了嵩溪镇豆腐皮合作社生产基地观看他们的生产过程，合作社领头人兰姐亲自示范整个制作过程，与其他地方比，清流腐竹的工艺确有其特别之处。

传统的腐竹制作工艺，包括选豆、去皮、泡豆、磨浆、甩浆、煮浆、滤浆、提取腐竹、烘干、包装这些环节，但清流腐竹的制作与众不同，在提取腐竹这个环节后增加了“挂浆”这个环节。所谓挂浆，就是在豆浆无法形成豆皮时，继续加热和搅拌，让豆浆里的水蒸发，形成一锅糊糊，将晾晒至七成干的腐竹取下来，裹上这层糊糊，再进行烘干。这层糊糊，主要成分是淀粉，对糖尿病人来说，清流腐竹并不友好。但是，这也是清流腐竹的特别之处，这一层除了淀粉，还有大豆纤维和蛋白质，炭火烘干后虽然颜色暗黄，貌似劣质腐竹，但充分糊化的淀粉紧紧抱住了蛋白质，哪怕长时间加热，也不容易破坏它的结构，这就是久煮不烂；淀粉在口腔中遇上淀粉酶，就被分解为糖分，这就会又香又甜；大豆纤维并不会被吸收，会

在消化系统免费旅行，顺便带走身体一些毒素，变成粪便排走，这就是促进消化；经炭火烘烤，发生美拉德反应，蛋白质和淀粉产生迷人的坚果味和花香味，还带来炭火释放出来的萜烯类香气，这就是“人间烟火”……据可靠的史料记载，清流嵩溪豆腐皮的生产始于清朝嘉庆六年(1801年)，历史并不算悠久。什么文天祥、杨太后路过清流，将宫廷做腐竹秘方给了当地人，什么明朝皇帝吃了都说好，于史无据，属于往脸上贴金，但清朝时曾为贡品倒是真的。离清流不远的江西高安，才是腐竹的发源地，最早可以追溯到唐朝，而最早有“腐竹”的文字记载，则见于明朝李时珍的《本草纲目》，在卷八《谷部·豆腐》条目中这样说：

豆腐之法，凡黑豆、黄豆及白豆、泥豆、豌豆、绿豆之类皆可为之。造法：水浸碎，滤去滓，煎成，以盐卤汁或山矾叶或酸浆、醋淀就釜收之。又有入缸内，以石膏末收者。大抵得咸、苦、酸、辛之物，皆可收敛尔。其面上凝结者，揭取晾干，名豆腐皮，入馔甚佳也，气味甘、咸、寒。

这里的“豆腐皮”，就是腐竹，因为卷起来像竹枝而得名，潮汕话叫“腐枝”，都是同一个逻辑。清流人强调他们的叫豆腐皮，不叫腐竹，这是想强调它们与众不同。其实，豆腐皮和腐竹都是指同一种豆制品。

中国人做豆腐，汉朝时就有了，对豆腐的各种赞美数不胜数。宋朝的苏轼、陆游，元朝的郑允瑞，明朝的谢应芳、刘宗周，都曾赋诗豆腐。奇怪的是，在李时珍之前，根本就找不到中国人吃腐竹的记录，可以这么猜测，那时的人们，还不知腐竹为何物，否则早就“为之赋”了。

详细记录腐竹的做法的，则要等到大吃货袁枚，他在《随园食单》里单列了“豆腐皮”：

将腐皮泡软，加秋油、醋、虾米拌之，宜于夏日。蒋侍郎家入海参用，颇妙。加紫菜、虾肉作汤，亦相宜。或用蘑菇、笋煨清汤，亦佳。以烂为度。芜湖敬修和尚，将腐皮卷筒切段，油中微炙，入蘑菇煨烂，极佳。不可加鸡汤。

袁枚这段80个字的记载，写了用腐皮做的五个菜，有凉拌腐竹、蒋侍郎海参腐竹、紫菜虾肉腐竹汤、蘑菇竹笋腐竹汤、油炸腐竹卷煨蘑菇，简直就是一个腐竹宴，看来袁枚很喜欢吃腐竹。

清乾隆年间的另一位美食家，四川罗江人李调元也说过腐竹，他写了《豆腐诗》，在其中说：

家用为宜客用非，合家高会命相依。
石膏化后浓于酪，水沫挑成绉似衣。
剁作银条垂缕骨，划为玉段载脂肥。
近来腐价高于肉，只恐贫人不救饥。

看来李家点豆花用的是石膏，就是今天的南豆腐，他认为豆花、豆腐皮、豆腐条，虽然看起来非常好，但只宜作为家常菜，招待宾客就不适合了。他还说这些是穷人救饥的食品，但是近来豆腐价高于肉价，只怕穷人也吃不起了。咏了一番，让大家知道他也吃腐竹，可惜没说怎么做。

到了晚清，袁枚的粉丝夏曾传写了本《随园食单补证》，他是这样补充的："素馔中腐皮用最广。假肉、假鸭皆以为皮。又以笋、蕈、木耳、腐干切丝，卷灯之，曰素卷。用肉包以酱赞食，曰响铃。加作料，曰素肠。蘑菇、笋炒之，曰皮笋。皆杭州菜也。"这一补充给我们提供了大量的信息，最起码包括了以下几个方面。

1. 晚清时，腐皮已经被广泛用于素菜了；

2. 那时已经有素鸡、素鸭，不过叫“假肉”“假鸭”，这个叫法不如今天叫得好听；

3. 响铃的皮要用腐皮，不是面皮；

4. 在杭州菜里，腐皮已经被用得炉火纯青。

《红楼梦》第八回里，宝玉和黛玉从薛姨妈家喝酒吃饭回来，给晴雯打包了包子，“（宝玉）因又问晴雯道：‘今儿我在那府里吃早饭，有一碟子豆腐皮的包子，我想着你爱吃，和珍大奶奶说了，只说我留着晚上吃，叫人送过来的，你可吃了？’”这个包子就是豆腐皮包子，不过究竟是豆腐皮包的包子，还是包子里面的馅料有豆腐皮，红学研究者也没研究出来，真真令人遗憾。故事的发展有点任性，这些豆腐皮包子被李奶奶给孙子吃了，晴雯没吃到，宝玉因此大发雷霆，要奶妈把李奶奶撵走，可见这包子味道应该不错，最起码，曹雪芹觉得很好吃。

对现代人来说，腐竹是不错的食材，每100克高达44克的蛋白质，绝对的高蛋白，比肉类还高；近22克的脂肪，决定了它有足够的香味，虽然脂肪含量高，但绝大部分为不饱和脂肪酸，所以不用太担心。需要注意的是它的热量，每100克有459大卡的热量，与肉类接近，如果想减肥的，可别把它当“素菜”。腐竹的嘌呤含量不算太高，

每100克中大约有60毫克嘌呤，属于中嘌呤食物中较低的，这得益于做豆浆前浸泡黄豆，把部分嘌呤析出，这个指标对高尿酸患者已经是黄灯，还是不能多吃。腐竹中含有较高的磷脂和皂苷，能够降低血液中的胆固醇含量，有预防高脂血症、动脉硬化的效果，总体上讲它还是个健康食物。

腐皮这东西，做的时候工序复杂，烹饪起来又要先泡发，与名贵不沾边，但又蛮讲究的。于是，腐皮在民间并没走红，宴席上也鲜有腐竹菜，做得好的，倒是寺庙和一些素菜馆，练手机会多了，熟能生巧使然。对三位师傅来说，这个食材也不常用，即便用过，也不会把它们当成主角，要做出有创意的腐竹菜，那可有点难度。

游“韧”有余

清流腐竹蛋白质含量高，脂肪含量低，久煮不烂，这是它的优点。看着兰姐演绎了腐竹的制作过程，品尝了兰姐制作的几个腐竹菜，我把这个特点构成的机制也讲了几遍，目的是提醒大家，这个特点要发挥好。可是，大家没有认真听进去，没办法，我只能含蓄地讲，不能说“师傅们要注意这个特点，千万别这样那样”。因为节目需要表现出师傅们对食材的理解和驾驭过程，我不能“抢戏”，再说了，对师傅们指指点点，我既没那个底气，也不会如此张狂。

结果就是，师傅们第一轮做腐竹，就有一些瑕疵。李雄宾师傅做了一个凉拌菜，将腐竹、丝瓜焯水；薄荷、芹菜叶切碎，浇上滚油，再加点盐，做成一个酱料；将腐竹、丝瓜、酱料搅拌，装碟成菜。当着李雄宾师傅的面尝菜，我只能鼓励地评价“这是用清淡突出腐竹的豆香”，李师傅大概听出了我的言外之意——味道寡淡。让当地人品尝，普遍也是这个结论。晚饭时，李师傅反复解释，他的出发点就是想突出腐竹的豆香味，不希望别的搭配抢了这个特点。

邱天做了一个腐竹鱼茸卷，我只尝了半成品，与李师傅的问题大体相同。

王勇师傅，大师出手，气势磅礴，一下子推出了三个试验品。用腐竹、五花肉、本地辣椒做了一个小炒肉，味道平衡，辣不盖鲜，腐竹的豆香也发挥了出来。用老母鸡熬出一锅鸡汤，调好味后将浸泡两个小时的腐竹在鸡汤焯一下就出锅，腐竹的香在鸡汤的鲜调动下也丰富了起来，王师傅用他的实践击碎了袁枚的“腐皮戒律”——不可加鸡汤。这说明，名家有时说的话也不要尽信。又用白木耳和梨煮出滑嫩的甜汤，将浸泡两个小时且用手努力刮

去外层淀粉的腐皮放进甜汤中熬煮，可是，一个多小时过去了，腐竹仍然游“韧”有余，王师傅想要的腐竹嫩滑、豆香十足的效果没有出现，反而是越煮越硬。其实不是越煮越硬，而是与白木耳和梨汤的滑嫩对比下出现的比对效果就显得硬了。无奈之下，王师傅只能放弃让它变软的努力，打上细腻如丝绸般的蛋花就出锅，滑嫩的甜汁和有些嚼劲、豆香十足的腐竹，仿如一段不太如意的婚姻，两个人分开来，怎么看都很优秀，但放在一起就彼此都觉得不舒服。

清流腐竹久煮不烂，这不是可以随便改变的，丰富的蛋白质，让蛋白质分子基团交联更紧致；脂肪含量少，豆腐皮的延展性、抗拉性和表面的致密性更佳；外层包裹了厚厚的一层糊化了的淀粉，这可不是浸泡和几个小时的炖煮就可以破坏的，你把它的外衣脱了，还有紧身衣裹着，让它变得软滑可是异想天开。裹着几层衣服的腐竹，也不是简单搅拌就可入味，大家都小看清流腐竹了。

谁说腐竹就一定要做成软滑呢？我跟师傅们开玩笑：你们这种“吃软不吃硬”的毛病也该改改了。

谁都不易

尽管天气不是很热，但一天拍片下来，还是汗流浃背的，“酱油哥”来探班，晚上一起喝了顿好酒。师傅们经过第一轮的尝试，对清流的腐竹有了更深的了解，可谓已“胸有成（腐）竹”，第二天的精彩也就顺理成章了。

邱天依然是做了鱼茸腐皮卷，但加了本地的甜酒和酒酿，鱼肉的味道马上变得有了层次，在蛋黄酱里加了本地的腐乳，鲜甜中也就有了咸鲜。这个菜，层次分明。味道上的层次，首先尝到的是蔬菜酱汁中的香辣，这来自三明本地的永安黄辣椒酱；紧跟着是鱼茸的鲜，这是本地溪鱼、香菇、甜酒的联袂奉献；蔬菜酱汁的甜，是洋葱在打招呼；而持续到最后的则是腐竹的豆香，层层递进，层次分明。口感上的层次，蔬菜酱汁的软、鱼茸的软中带弹、香菇颗粒的脆、豆腐皮的软中带韧，依次叠加，口腔中仿如奏起了交响乐。配上用腐竹边角料和当地魔芋做的意大利饭，拌上剩余的蔬菜酱汁，丰富而刺激，给人满足感。这道菜邱天很用心，除了洋葱，其他材料用的都是本地特产。就地取材，将法式烹饪作为纯粹的表现手段，而内容却是纯中国的，中西结合，证明了用中国食材做出精彩西餐是完全可能的。

李雄宾师傅也改良了他的豆腐皮凉菜，第一次用了丝瓜，含水量太大，也不好控制老嫩，这次选用了当地的白豆角。他还是用对比的手法，希望表达出豆腐皮的豆香，第一次用丝瓜对比，就如一位如花似玉的少女拉了一位邻居的小姑娘站在一起；而第二次用同属豆类家属的豆角，就像一位经验丰富的老者旁边站着一位年轻人，如此同类相比，豆香味的表现更加突出了。为了解决味道过于寡淡的问题，李师傅不是简单地用开水焯腐竹，而是用了鸡

汤，这就增加了谷氨酸和鸟苷酸；用鱼露代替了盐，这就增加了肌苷酸；用大蒜爆香食用油，这就增加了蒜氨酸。几种呈味氨基酸左右夹攻，虽然还攻破不了腐竹坚固的堡垒，但味道附着在表面，鲜味也就出来了。加上芹菜叶贡献的对-聚伞花素，薄荷贡献的薄荷脑、薄荷酮、樟烯和柠檬烯，这个凉拌菜立马显得丰富了起来，而且豆香得以完整地保存。李师傅轻描淡写，这个菜就如一幅山水意境画。

王勇师傅大刀阔斧，用他擅长的红烧肉加上了腐竹。中国有多少个地方，就有多少种红烧肉，但有一种红烧肉叫“王勇红烧肉”，瘦肉不柴，肥肉不腻，鲜、香、咸、甜平衡，再加上久煮不烂的清流腐竹，腐竹外表虽然异常坚韧，其实内里却是网眼状结构，浸泡后把水挤干净，扔到红烧肉里炖煮，腐竹很快就吸满了红烧肉的酱汁。清流腐竹脂肪含量只有5.7%，红烧肉的脂香也就弥补了腐竹脂

香不足的缺点。这一块腐竹，简直就是一块充满豆香味的红烧肉，真正的吃到肉的感觉。如果说李雄宾师傅对清流腐竹的表达是轻轻地推开一扇窗，王勇师傅的表达就是一脚踹开了大门。

这一集的拍摄工作算是告一段落，师傅们放下几天的工作来参与拍摄工作，这无论是经济上还是精力上，都是很大的牺牲。与师傅们在一起愉快地相处了三天，我也近距离看到师傅们创作的不易，这一身手艺，背后是他们年轻时的基本功训练、长期的劳作和不为人知的试错，谁都不容易啊！

知识链接

魔芋的主要成分是一种聚合碳水化合物，叫作葡甘聚糖，不能被人体消化，所以无法被吸收代谢后提供热量。

长汀河田鸡

篇四　长汀河田鸡

节目的影响力出乎我的意料，得到了越来越多的美食大咖的认可。

这一期的主角是河田鸡，优质的食材，多重烹饪风格，足以让喜欢吃鸡的我深陷其中……

鸡我所欲也

拍完了清流腐竹，王圣志导演邀请我到福州，电视台领导想见我，第一集永春白鸭也初步剪辑了出来，希望我提提意见。我倒是想看看第一集拍出来的是什么效果，再说了，从清流回广州，如果不从福州飞，选择三明沙县机场，航班只有晚上十点半，回到广州已经是凌晨时分，家里人免不了各种牵挂。还不如先到福州，看了片，吃个晚饭，休息一晚，第二天早上再回广州。

看了剪出来的样片，我提了一些意见。第一集永春白番鸭的拍摄大家非常辛苦，大暑天开拍，上山下乡，起早贪黑，剪出来的样片，对永春白番鸭为什么好吃的表达不够清晰，对吴嵘师傅的特点抓得不够准确。这些观点，王圣志导演也很认同，他说后期的修改会不一样。其实我对电视节目一窍不通，只是从叙事方式说了我的意见，希望不会影响王导的创作。福建省广播影视集团副董事长、卫视中心主任、东南卫视总监洪雷台长也陪着我们。这估计是王导导演的一出戏，请洪台长出面，希望我把剩下的六集也拍完。一个美食节目，领导能如此重视，又如此谦卑，我还能说什么呢？

看完样片，王导安排在和元荟餐厅吃了一顿非常棒的新闽菜，那道荔枝肉，连同几天的疲倦，几乎被我一个人一扫而空。我在福州住了一宿，第二天一早就飞回广州，在福州期间所有的接送安排，都完美无瑕，王导工作的细致周到，真的无可挑剔。到了广州后，制片人麦太打电话告诉我，第三集已经确定拍长汀的河田鸡，时间是9月初，川菜大师兰明路、云南菜大师刘新师傅已经确认参加这一集拍摄，剩下一位，还有待确定。

长汀河田鸡因主产于福建长汀县河田镇而得名，是福建省传统家禽良种，也是《中国家禽品种志》收录的全国27种名鸡之一。2006年7月12日，原国家质检总局批准对“长汀河田鸡”实施地理标志产品保护，2021年4月，长汀

河田鸡入选2021年第一批全国名特优新农产品名录。我第一次吃河田鸡，还是6月来厦门时在吴嵘师傅的“宴遇·福建荟馆”，吴嵘师傅做了一道竹荪堂灼河田鸡汆沙虫。选用300天鸡龄的河田鸡，起肉留骨，骨头熬出鸡汤，鸡肉拿出来堂灼，只需几分钟，鸡肉嫩中带脆，鲜中有甜。但这种鲜，不仅来自鸡本身，还有沙虫和竹荪。沙虫的鲜美滋味源于体内富含的多种氨基酸，沙虫干体氨基酸含量高达60%，尤以谷氨酸的含量最高，约占干重的15%～20%，简直就是天然的味精。竹荪的鲜味来自鸟苷酸，这几种氨基酸汇合在一起，简直就是鲜味代表大会。这个菜对鲜味的表达，简直到了极致，但我还是很难体会到河田鸡的真面目，只记得鸡肉简单汆一下，鲜味保留得很好，皮是脆

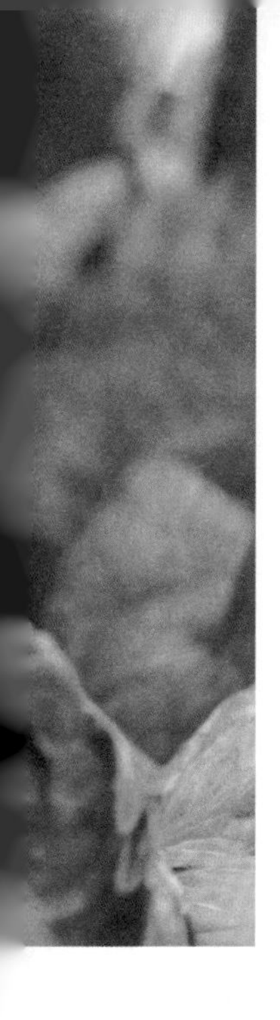

的，绝对是一只好鸡。

我很熟悉云南菜大师刘新师傅，吃过他做的云南鸡；虽然我不熟悉川菜大师兰明路，但在澳门和马爹利美食剧场都吃过他团队做的菜，鸡倒是没吃过。我是特别喜欢吃鸡的，在肉类中，我将鸡视为肉中第一，前提是必须有好鸡。

喜欢吃鸡的人很多，韩愈也算一个。据宋朝陶谷的《清异录》就记载："昌黎公逾晚年颇亲脂粉，故可服食。用硫磺末搅粥饭，啖鸡男，不使交，千日，烹庖，名'火灵库'，公间日进一只焉，终致绝命。"昌黎就是韩愈，说的是一代大文豪，为求壮阳，让公鸡吃含硫黄的粥饭，隔天吃一只鸡，终于把自己吃死了，享年57岁。这个说法是否可信，历来有争议。

唐之后的五代，这段历史复杂得令人头疼，在吃鸡这个问题上也有些奇奇怪怪的，史料记载梁太祖朱温爱吃鸡，每顿饭都离不开鸡。相传南楚君主马希声为了在这方面超过朱温，每天吃五十只鸡，当然了，谁也吃不下五十只鸡，只能炖汤，马希声喝鸡汤量之大，应该是创造了世界纪录。

北宋诗人、画家王巩，号清虚居士，这人也喜欢吃鸡，他的吃鸡心得是"雄鸡骨强肌涩，亡阳故也。缐鸡则不然。君子可以知惜精保身之术矣"。他把公鸡好不好吃归因于惜精保身，没办法，古人不懂科学，只能靠猜。王

巩是苏轼的好友，在导致苏轼悲惨人生的乌台诗案中，他也受到牵连，御史舒亶奏曰：“（苏轼）与王巩往还，漏泄禁中语，阴同货赂，密与宴游。”于是时任秘书省正字的王巩不久便被贬到宾州（今广西宾阳）。这个王巩，不仅喜欢鸡，还有一个颇具生活智慧的老婆。王巩被贬岭南时，其歌女柔奴毅然随行到岭南。元丰六年（1083年）王巩北归，请出柔奴为苏轼劝酒。苏轼问及岭南风土，柔奴答以“此心安处，便是吾乡”。苏轼听后，大受感动，便作了著名的《定风波·南海归赠王定国侍人寓娘》：

常羡人间琢玉郎，天应乞与点酥娘。尽道清歌传皓齿，风起，雪飞炎海变清凉。

万里归来颜愈少，微笑，笑时犹带岭梅香。试问岭南应不好，却道：此心安处是吾乡。

“此心安处是吾乡”成为千百年来流行的心灵鸡汤，不知与柔奴也经常吃鸡是否有关。

看来，这一集选中了我的心头好，找到了好鸡，“后半生”的口福也就有了保障。

知识链接

长汀河田鸡，因主产于福建省长汀县河田镇而得名，是福建省传统家禽良种，也是世界五大名鸡之一，含有丰富蛋白质和人体必需的多种氨基酸。

养好鸡不易

虽然我很喜欢吃鸡，却很少吃到满意的鸡，这是因为，在效率优先的年代，养出更便宜的鸡远比养出更好吃的鸡重要。养好吃的鸡，成本更高。市场上有大量便宜的鸡，不是行家，仅从外表很难分辨出彼此，于是，好吃的鸡越发难以在市场生存。

鸡是从野鸡驯养而来的，老祖宗们何时养鸡？想弄清楚这个事还没那么简单。考古学家从七八千年前的遗址中发现了鸡骨和陶鸡，甲骨文中也有“鸡”字，但这些证据，不足以证明那时古人已经驯化了鸡，因为这些骨头和陶鸡，也可以是野鸡！

将野鸡驯养成家鸡并不难，问题是，物种起源权威达尔文居然说中国的鸡来自印度，在《动物和植物在家养下的变异》一书中，他说：“印度鸡的被家养，是在《玛奴法典》完成的时候，大约在公元前1200年前，不过也有人认为是在公元前800年。”在该书中的另一处，达尔文根据一本“中国百科全书”宣称：“鸡是西方的动物，在公元前1400年的一个王朝时代引进到东方的。”按达尔文所说，印度驯化鸡有3200年和2800年两个说法，所引用的

“中国百科全书”没说书名，但有1609年出版和1596年出版两种说法。

1609年出版的比较著名的中国图书是《三才图会》，该书中倒有一段关于鸡的说明：“鸡有蜀鲁荆越诸种，越鸡小，蜀鸡大，鲁鸡尤其大者，旧说日中有鸡。鸡西方之物，大明生于东，故鸡入之。”那么答案有了，达尔文的依据是《三才图会》，而且把它的内容理解错了，《三才图会》说的“西方”，是指四川，而不是达尔文理解的印度，“东”指的是吴越之地，而不是中国。这也难怪，达尔文没学过中国古文，古人说现在的西方，用的是“番”和“夷”！

达尔文不懂中文，指鹿为马，中国家鸡从印度来这一说法可以推翻了。中国人自己驯化野鸡，这有问题吗？《周礼·春官》里就有“鸡人”，这是周朝设置专门养鸡的职位，有正式编制，还是正儿八经的国家公务员，说明

当时已经驯化了鸡，不过不是拿来吃的，而是用于报时。《礼记·内则十二》开篇即云：“子事父母，鸡初鸣，咸盥漱，栉縰笄总，拂髦冠緌缨，端鞸绅，搢笏，左右佩用……”这段话的意思就是，儿子在鸡叫头遍的时候就要起来准备侍奉父母，为什么要起得这样早呢？古人解释说，作为晚辈，起床后不仅要洗脸漱口，还要从头到脚仔仔细细地、一丝不苟地打扮自己。这要是起晚了可没时间做早饭，估计长辈就要饿“晕”在床上了。

当人们大量吃鸡时，说明鸡已可驯养而且从报时功能转为饱餐功能了，记录春秋时期的史书《左传》，在《左传·襄公二十八年》有这样的记载：“公膳，日双鸡，饔人窃更以鹜。”翻译成现在的话大意就是：官员值班，工作餐标准是每天两只鸡，厨师偷偷地把鸡换成鸭。这说明两个问题：一是鸡肉已经是工作餐的餐食，比较普遍了；二是鸡肉比鸭肉贵，所以被偷梁换柱。

但此时吃鸡的还是贵族阶层，《孟子·尽心上》就记载：“五母鸡，二母彘（zhì），无失其时，老者足以无失肉矣。”这是孟子的理想，说每家有五只母鸡，二只母猪，不用多久，老人就可以吃上肉了。即便这一理想可以实现，吃肉的也仅限于老人。

让鸡走进百姓家的，北魏时的贾思勰做出了重要贡献，他在《齐民要术》中教大家圈养，把鸡关起来，减少运动，也就减少了体力消耗，鸡加速了育肥，肉就长得快，平民百姓才可以吃得上鸡。

唐朝的孟浩然有诗：“故人具鸡黍，邀我至田家。”李白有诗：“白酒新熟山中归，黄鸡啄黍秋正肥。呼童烹鸡酌白酒，儿童嬉笑牵人衣。”宋朝的陆游说：“莫笑农家腊酒浑，丰年留客足鸡豚。”这说明，有客人到，杀只鸡已是唐宋时农家的待客标准。

到了今天，中国已经成为全球第二大肉鸡生产和消费国（第一位均为美国），大家个个是吃鸡行家，问题是，我们所吃的鸡，也变得不好吃了，这是为什么呢？

好鸡是如何养成的

养鸡技术越来越好，鸡越来越多，但鸡越来越不好吃，原因很多，其中重要的一条，是由鸡的品种所决定。

人类驯养了鸡，又经过长期的杂交、选择，培育出世界五大名鸡，它们分别为美国的白洛克鸡、中国的河田鸡、美国的洛岛红鸡、英国的苏赛斯鸡、意大利的白来航鸡。注意，这里说的是名鸡，名鸡不一定是好吃的鸡，有可能是长肉长得快，也有可能是肉长得快、味道还过得去的。我吃过美国的白洛克鸡和洛岛红鸡，就属于肉长得快，但味道确实乏善可陈。

可以肯定地说，长得快的鸡味道都不行，风味物质的积累需要时间，这可急不来。美国、法国、英国培育名鸡的方向，都是以长得快，肉更多、更嫩为导向，这与中国人心目中的“好鸡”标准大相径庭。培育出符合国人审美标准的鸡，一直是科学家们努力的方向。

说哪个地方出好鸡，估计会让全国人民吵起架来。基本上，各个地方的人都会认为他们本地的鸡不错，比如清初广东人屈大均在《广东新语》中就认为广东的鸡最好，为此他还论证了一番，说“鸡为积阳”，而“岭南阳明之地，乃鸡之宅”。他的依据是鸡属阳，而岭南地区“很阳”。这当然属于胡扯，鸡在北方也活得好好的，再说了，鸡为什么是“积阳”呢？屈大均的依据可能来自汉代的一本谶纬类的典籍《春秋纬说题辞》：“鸡为积阳，南方之象，离为日，积阳之象也。火阳精物，炎上，故阳出鸡鸣，以类感也。”这个更离谱，把鸡打鸣与“积阳”联系起来。

抛开“谁不说俺家乡好”的主观，比较权威、客观的说法有两个，一个是20世纪70年代的《中国家禽品种志》，里面列出了27个优质鸡品种，另一个是原国家质检总局认定的国家地理标志保护产品。不论是哪一个说法，河田鸡都位列其中，可见，河田鸡之优秀，是得到广泛认可的。

王圣志导演正在河田镇做田野调查，我们通了一个电话，他们发现，河田鸡的生活习性与众不同，一年左右的鸡会有返祖现象，晚上飞到树上睡觉。这说明河田鸡这个品种更接近于野鸡，结果就是更有鸡味。

鸡肉好不好吃，还与鸡的生活方式有关。河田鸡养殖方式为散养，运动量大，肌凝蛋白更多，提供肌凝蛋白的养分是脂肪，这些脂肪微滴分散开来，所以我们看到的是瘦肉，而鸡肉的风味物质大部分就藏在这些脂肪微滴中。也就是说，肌凝蛋白多的鸡肉风味更足，更有“鸡味”。

负责运送能量供肌凝蛋白消耗的是肌肉毛细血管里的血液，这些血液里有铁元素，所以肌凝蛋白是红色的，这就是红肉。

鸡肉好不好吃，与鸡吃什么有关。野生的鸡吃的是虫子、植物的种子，这是形成鸡肉独特风味的关键之一，我们养鸡，为了让鸡更快长大，会喂养更容易消化、营养更丰富的饲料。王导率领节目组在做调研时发现，河田鸡大量啄食沙子，这说明养殖户没有给鸡吃容易消化、促进快速成长的饲料。鸡是没有牙齿的，不能咀嚼食物，这给胃消化增加了很大的负担。鸡的胃与人的不同，有特殊的构造，分为腺胃和肌胃。腺胃较小，分泌胃液；肌胃较大，且肉质肥厚，就是我们说的鸡胗，其强力收缩可以磨碎食物。为了更好地磨碎食物，鸡要啄食一些沙粒、石子、小金属，贮存在肌胃里。

鸡肉好不好吃，还与鸡的养殖时间有关。鸡肉风味物质的积累需要时间，河田鸡养殖约4个月就到了成年峰值，公鸡体重约1.73千克，母鸡体重约1.21千克，再养下去不长个头，但可以积累风味物质，让鸡更有“鸡味。河田鸡放养150～180天后上市，所以风味充足，缺点是肉质不够滑嫩，这是因为随着风味物质的累积，肌肉纤维变粗，结缔组织更发达的缘故。没办法，对鸡肉来说，好吃与滑嫩就是矛盾，只能二选一。

是追求更有“鸡味”还是口感更为滑嫩，各地的偏好，甚至同一地方不同时期的人也有截然不同的选择。比如吃鸡最“狠”的广州人，普遍就喜欢滑嫩，著名的白切鸡，就是选用4个月大的清远鸡；而客家人做盐焗鸡，却偏重“鸡味”，对滑嫩与否不太在乎。民国时期席卷上海滩的广东信丰鸡，就不是走地鸡。据周松芳博士《岭南饮食文化》载：“信丰两个字的来源，是因为广州有一处沿江街的地名叫作杉木栏，那里有一家几十年的老店，店的牌号叫信丰。他家的鸡，喂养得考究，并且因为名驰远近的关系，四处都找他批销，如果吃鸡不是信丰的，便不名贵。他的喂养方法很特别，是把小鸡关在黑暗的地方，不叫它见亮光，如此养出的鸡骨根格虽然瘦小，肉却特别细嫩，并且分外的香甜。”原来，民国时期的食客喜欢的是农场在鸡笼里饲养的鸡，放在今天，估计没多少人会喜欢，与河田鸡也无法比较。

科学检测的数据也支持了河田鸡是优质鸡的说法。经农业农村部南昌肉制品监督检验测试中心、福建省分析测试中心、国家中医药管理局福建微生物研究所、福建农科院中心实验室等机构检测分析，长汀河田鸡含丰富蛋白质，含有人体必需的11种氨基酸，其中含量较高的必需氨基酸有牛磺酸246.65毫克/100克，是已知的家禽产品中含量最高的，“苯丙氨酸+酪氨酸”为4188毫克/100克，谷氨酸为8011毫克/100克，天门冬氨酸6100毫克/100克。“苯丙氨酸+酪氨酸”是人体需要量最大的必需氨基酸（日需要量为60毫克），谷氨酸和天门冬氨酸是决定鸡肉鲜味的重要物质，牛磺酸是婴幼儿必需氨基酸，对婴幼儿的大脑发育、神经传导、视觉机能的完善和钙的吸收均有重要作用。河田鸡这些氨基酸的含量都远远高于其他鸡种。此外，决定肌肉滋味的肌苷酸、游离脂肪酸在河田鸡中含量也很高，脂肪酸构成中不饱和脂肪酸占脂肪酸总量的60%，并含有大量对人体有益的二十碳五烯酸（EPA）和二十二碳六烯酸（DHA）。将这些数据与国内外其他鸡种比较，结论是：河田鸡不愧为禽中珍品。

烤鸡肉卷

知识链接

河田鸡更有“鸡味”的原因，在于散养。运动量大，肌凝蛋白更多，提供肌凝蛋白的氧分是脂肪，而鸡肉的风味物质大部分就藏在这些脂肪微滴中。也就是说，肌凝蛋白多的鸡肉风味更足，更有“鸡味”。

鸡肉怎么做才好吃

说哪里的鸡好，国人会吵成一团；说哪里的鸡做得好吃，国人估计会打起架来。原因是，只要鸡的风味够，几乎怎么做都好吃。

中国人吃了几千年鸡，在花式吃鸡这件事上，全国各地老饕可谓是把十八般武艺都用上了，焯、炒、蒸、烧、炖、烩、酱、熘、煨、熏、卤……研究出很多极具地方特色的吃法。

大吃货袁枚在《随园食单》中说："鸡功最巨，诸菜赖之。如善人积阴德而人不知。"并一口气列出鸡的31种做法，计有白片鸡、鸡松、生炮鸡、鸡粥、焦鸡、捶鸡、炒鸡片、蒸小鸡、酱鸡、鸡丁、鸡圆、蘑菇煨鸡、梨炒鸡、假野鸡卷、黄芽菜炒鸡、栗子炒鸡、灼八块、珍珠团、黄芪蒸鸡治瘵、卤鸡、蒋鸡、唐鸡、鸡肝、鸡血、鸡丝、糟鸡、鸡肾、鸡蛋、野鸡五法、赤炖肉鸡、蘑菇煨鸡。这些做法中，除白片鸡与今天广东的白切鸡相似，蒋鸡与今天客家的隔水蒸鸡有些像，栗子炒鸡今天还继续在做，鸡丝就是凉拌鸡丝，当今还基本保留外，其他做法基本被淘汰了。时代在变，大家的口味也在变，袁老爷子记

录的这些做法，我仔细研究了一番，说实话，做出来让今天的人吃，未必觉得好吃。

作为“吃鸡第一省”的广东省，广府人喜欢的白切鸡、豉油鸡，客家人喜欢的盐焗鸡，潮汕人喜欢的豆酱鸡，都深受好评。白切鸡受广东人欢迎，有其科学道理：鸡肉在60℃时，紧实而多汁，超过65℃时会变得干涩。鸡肉又含胶原蛋白，70℃时胶原蛋白才能分解成明胶，用90℃左右的蟹眼水浸鸡，旁边用冰水降温。这是科学地控温和分层加热，既释放了鸡肉的风味，又保留了汁液。鸡骨中的血红色是肌红蛋白，不是血，不存在食物安全风险。这种做法，最大限度地保留了鸡肉的原汁原味，对鸡肉的品质要求特别高。“鸡味”不足的鸡这样做，味道寡淡；太老的鸡，这样做口感又韧又硬。即便在广东，也很难吃到合格的白切鸡。

一部分人会觉得白切鸡味道不够浓郁，用海南文昌鸡做的椰子鸡，则是既鲜又甜，这种带着浓烈热带风情的做法，也颇受欢迎；川渝地区的钵钵鸡、口水鸡、辣子鸡，是无辣不欢人们的不二选择；鲁菜之经典、国家非物质文化遗产山东德州扒鸡，誉满神州，这种绿皮车时代的美食，时至今日，它仍然是“山东美食顶流”；与它相似的，还有名扬海外的河南道口烧鸡……

我在上海的“广舟”餐厅吃过一道荷叶盐焗鸡，味道甚是不错，这让我想起国宴名厨肖良初大师，他的“荷叶盐鸡”在莱比锡国际博览会上夺得金奖，做法与“广舟”的大体接近。他还在1961年联合国日内瓦会议上创制了“八珍盐焗鸡”，就是在荷叶盐焗鸡的基础上，在鸡腔内加入鸡肝、鸭肝、腊肉、腊肠、腊鸭肝、腊鸭肠、腊板底筋、酱凤鹅粒等，让这些材料的味道融入盐焗鸡中。想来味道应该不错，不过，今天如果想复制这道菜，要找齐这么多配料，估计也不太容易。

制片人麦太告诉我，这一集9月3日开拍，2日大家就要到汀州了，三位师傅也已经确定，除了兰明路和刘新大师外，还有一位南京北欧风格的EGoN主厨老杨。老杨是个年轻人，经历颇为有趣，专业是油画，后来对Fine Dining（高级料理）产生兴趣，跑到国外几家米其林厨房工作，他认为，厨房应该是和艺术、生物、化学、人文息息相关，而不是像国内老一派的厨房风气那样。看来，不老的老杨，会给这一集带来一些新气象。

众口难调

这一集的拍摄时间定在9月3日至5日，2日就要集结了。因为要参加新荣记的活动和杭州电视台《听说很好吃》的录制工作，我在8月26日就离家了，这一趟要离开广州11天，任务够艰巨的。

新荣记在台州临海举办中华民厨大赛，其中的四个豪华晚宴，有三道鸡。台州风味特色宴的姜汁猪肚鸡，将鸡肉斩件，猪肚、黄花菜、煎鸡蛋加姜汁同煮，这个菜既鲜又香。化学上有同性相溶的原理，姜汁里的枸橼酸将鸡肉里的己醛萃取了出来，姜汁里的姜烯、莰烯、茴香烯和姜醇把鸡肉里的1-辛烯-3-醇萃取了出来，己醛就是香草味，1-辛烯-3-醇就是香菇味，所以汤特别鲜美，鸡肉也很滑嫩。但部分鲜味和香味跑到汤里，鸡肉在这个菜里不是主角。

四海一家英雄宴的“天下第一鸡”，是广东中山海港城的盐焗鸡。目前的盐焗鸡有两种流派，一种是传统的炒盐后生焗，这种做法温度更高，香味更浓，但肉质也较紧实，喜欢嫩滑口感的人会给差评。另一种就是“天下第一鸡”的做法，将鸡蒸熟或浸熟后折件，再捞盐焗酱料，这种手法温度较低，肉嫩多汁。可能是在当地采购鸡的缘

故，这种鸡“鸡味”不足，肉质也软绵绵的，有负“天下第一鸡”的盛名。可见，再高明的师傅，在不理想的食材面前，仅靠原来的方法，也难以有所作为。

渔我所欲荣家饭局的葵香咸鸡，是新荣记自己的产品，采用最近风靡精致餐厅的葵香鸡，用盐入味，在矿泉水里浸熟，方法与粤菜里的白切鸡相似。这是我吃过的风味最佳的葵香鸡，由于给鸡喂食葵花籽，鸡肉积累了足够多的葵花籽里的庚醛，于是果香味十分突出，只是简单的咸味调味，鸡肉里的谷氨酸、鸟苷酸和肌苷酸与盐里的钠离子结合，将鲜味呈现了出来，不用白切鸡传统的姜葱蓉加持，自身光芒四射。这种鸡口感上保持着嫩滑，这会让部分人喜欢，但我更喜欢鸡肉紧实一点，皮更脆一点的。

即便新荣记、海港城的厨艺没的说，做出来的鸡都无法获得所有人的掌声。同样是好鸡，味道要鲜，风味要足，这个标准大家都比较一致，但在口感上就会千差万别，有人喜欢肉质滑嫩的，有人喜欢质地紧实的，这两者没有谁对谁错，北宋美食家苏易简说“食无定味，适口者珍”，说的正是这个道理。

节目组的田野调查资料显示，河田鸡的肌纤维直径平均为母鸡22.4微米、公鸡27.7微米，肌纤维密度为每平方厘米930根。与其他优质鸡比起来，其肌纤维算是细的，密度更大，但这两个指标并不能简单得出河田鸡肉质更细嫩的结论。鸡肉除了肌纤维，还有结缔组织，这是联结肌纤维与骨头的部分，我们通常叫为“筋”。当大脑做出“运动”指令时，神经系统指挥肌纤维运动，肌纤维通过结缔组织带动骨头运动，发达的结缔组织才有利于鸡跑动。河田鸡散养于果林、竹林和山林间，活动范围广，活动幅度大，结缔组织特别发达，这种鸡的鸡肉可就与细嫩无缘了。

当然了，高超的烹饪技术可以改善肉的质地，同时又需要尽量多地留住鸡肉的味道，这一集名厨云集，看看哪个师傅会解决这个问题。

知识链接

“新荣记”是目前中餐厅中获得最多荣誉的餐厅，被誉为“米其林收割机”，擅长广取国内外优秀食材，向其他菜系学习，做出有台州风味的“荣家菜”。

河田出好鸡

9月2日中午，三位师傅与节目组已经到达长汀县，我则在厦门与“酱油哥”吃顿海鲜再走，下午4点多与大家汇合，马上就被王导拉出去拍外景了。

河田鸡因主产于福建长汀县河田镇而得名，河田镇地处闽西山区的腹地，是武夷山山脉崇山峻岭中的一块盆地，朱溪河在此汇入汀江，有较大面积的丘陵坡地，且有温泉与丰富的稀土矿藏。该地区属中亚热带农业气候区，雨量充沛，果林、竹林、松林茂盛，这为河田鸡提供了良好的栖息条件。河田镇盛产水稻、甘薯、油菜及豆类，这也是农户散养河田鸡的主要饲料。长期以来，农民积累了丰富的养鸡经验，过去的交通十分不便，环境较为封闭，极少引进外来鸡种，使长汀河田鸡种群得以纯化提高，逐步形成并巩固。奇怪的是，同样的品种，离开了河田饲养，风味就完全不同，当地人坚信这是河田鸡吃稀土的缘故。不过，这个认知没有科学研究和相关理论予以支持。

“三黄三黑三叉冠”是河田鸡的典型外貌特征，“三黄”指河田鸡的皮肤、胫部和喙尖均为黄色；“三黑”指尾羽、镰羽为闪亮的黑色，主翼羽为镶有金边的黑色；

“三叉冠”指鸡冠为单冠直立后部自然分叉，这种分叉的冠型自雏鸡孵出时就已形成，遗传性稳定，在其他鸡种中是没有的。

到当地的养殖大户四季田园生态河田鸡农场实地考察，年轻的老板范海泉热情地接待了我们。他的河田鸡存栏量在2万只左右，这在当地算是大型散养户了。他坚持纯种散养方式，不给鸡吃抗生素，树林里有一片空地种着一包针、苍耳子、杠板归、黄栀子、板蓝根等中药，鸡每天就会自己去啄食。这样养出来的鸡，不吃抗生素，当然没有抗生素残留。

最早记载河田鸡的史料是乾隆十七年（1752年）的《汀州府志》，说“汀近有一种鹿角鸡，冠生二角如鹿”。“近”，可以解释为“最近”，也可以解释为“附近”，但这是地方志，说的是汀州这个地方，不可能是“附近”。如果这个记载准确的话，那么当时的河田鸡不是三叉，而是两叉，什么时候变成三叉，可能是后来物种发生变异。至于民间传说中的“唐开元年间河田鸡选送到长安，列为斗鸡之一”，“明朝时河田鸡选送京都，曾被誉为斗鸡之雄，每每取胜”，等等，于史无据，不能当真。

斗鸡在我国倒是历史悠久，《庄子·达生》里有一个典故：纪渻子为周宣王饲养斗鸡，急性子的周宣王每过十天就跑去鸡厩询问鸡是否可以上场，纪渻子前几次都

给了他否定的回答，直到过了四十天，纪渻子才回答说：“这次应该差不多了。”经过纪渻子的努力，几只原先活蹦乱跳的斗鸡站在那里像一只只木鸡一样，别的鸡一上场，见到一动不动的木鸡，却吓得转身就逃，这就是成语“呆若木鸡”典之所出。《左传·昭公二十五年》记载，鲁国两位卿大夫季平子与郈昭伯经常在一起斗鸡，为了取胜，季氏给鸡披上皮甲，郈氏则给鸡安上了金属爪套。可见，在两千多年前，斗鸡已经成为贵族阶层比较普及的娱乐项目了。

河田鸡成为古代宫廷斗鸡于史无据，但河田鸡善斗则是事实。范总介绍，一年左右的河田鸡有返祖现象，夜里上树，白天更难觅其踪影，公鸡互斗，母鸡不入群，所以，河田鸡也不适合长时间养殖。

范总是土生土长的河田人，原来在厦门从事电力工程工作，在那里经常吃到不纯正的河田鸡，对河田鸡有着深厚感情的他嗅到了商机，于是义无反顾地回家养鸡。除了认真养鸡，他还拓宽销售渠道，做起电商生意，开辟出预制菜新通道，生意也变得红红火火。

要解决吃好鸡的问题，就需要有如范总这样有追求的养鸡专业户。历史上最早的养鸡专业户是春秋末期越王勾践，他当时在锡山南面设有一座大型的养鸡场，当越国准备攻打吴国的时候，越王勾践就下令宰杀群鸡，以此来给出征的将士们壮行。西汉时期刘向的《列仙传》也描述了一位养鸡专业户祝鸡翁。祝鸡翁是洛阳人，住在尸乡北山的山脚下，专职养鸡已经100多年，够长寿的。这个祝鸡翁不仅长寿，还成仙了，他养的鸡数量有1000多只，为了方便喂养，他给每只鸡都起了名字。这些鸡晚上就栖息在树上，白天则各自分散觅食。如果他想招引鸡，只需要叫鸡的名字，鸡就会应声而来。故事说得有鼻子有眼。不过，《列仙传》是中国第一部系统叙述神仙的传记，主要记述了上古和三代、秦、汉之间的71位神仙的事迹及成仙故事，那时的人向往成仙、长生不老，多有杜撰，但艺术源于生活，那时有养鸡专业户，倒是可信的。

关于河田鸡如何走出福建，我给了范总一些建议，“酱油哥”也在旁边，他们会一起做些尝试，希望能够成功。

认知鸡并不容易

当地人烹河田鸡，最流行的做法，一种是盐酒河田鸡，一种是白斩河田鸡。

为了尝到当地人的盐酒鸡，我们来到一家没有招牌的酿酒作坊。这个作坊仍沿用古法酿酒：泡糯米，用柴火烧水蒸饭，用冷水过凉降温，手工搅拌米饭和酒曲，再装入瓮中，静待美酒出来。老板是一位大姐，热情地招呼我们，并用自家酿造的甜酒做了一道盐酒河田鸡招待我们。做法是：先把酒倒入鸡腹腔，让鸡入味；再在开水中煮至八成熟，取出斩件；盆中放入姜片和葱段，再放入鸡块、两勺盐和一碗客家米酒，上蒸锅蒸10分钟即可。

这样做出来的鸡，肉的质地紧致，鲜味大部分保留在鸡肉里，盆里的汁更香更浓，蘸着盆里的浓汁吃，鸡肉的浓香和鲜甜会更加突出。虽然加了一碗酒，但已经没有了酒味，自家酿的酒只有14度左右，放在蒸笼里蒸，乙醇已经挥发，只剩下酒液里的糖分；同性相溶，同为醇类，乙醇将鸡肉的1-辛烯-3-醇萃取了出来，这就是香菇味；酒里的乙醛把鸡肉里的己醛和庚醛抓了出来，这就是香草味和果香味。这三种味道加在一起，就是“鸡味”。

我和几位大厨认为这种做法也有不足之处，比如下盐太狠，在提倡减盐的时代，这显然偏咸了；先煮后蒸，肌肉过分收缩，肉质显得硬了一点。但这样的味道和口感，却是当地人的最爱。当地人的这种味觉偏好，是在物质匮乏年代形成的，咸一点好配主食。而硬一点，慢慢嚼，这是将生活的美好放慢动作，一块鸡肉连肉带骨，细嚼慢咽，再蘸蘸盆里的浓汁，又可以配一杯酒或几口饭，也是一种美好体验。

在四季田园生态河田鸡农场，范太太给我们做了河田白斩鸡：将整只鸡和一块2斤重的五花肉放入一大锅水中，用柴火炖煮2个小时，把鸡肉捞出斩件装盘；姜蓉、葱蓉加上盐，再加一勺花生油，从煮鸡的浓汤里舀一勺鸡油带汤调成姜葱蓉酱，蘸着鸡吃。经过2个小时的炖煮，鸡肉的部分鲜味已经到了汤里，但还有一部分风味物质留在鸡里面，这得益于运动强度大的河田鸡发达的结缔组织，分解为明胶后锁住了部分汁液。当然了，肉也偏硬了一些，而那一锅汤只加一点盐就鲜美无比。至于那块五花肉，当地人一般拿去做没有辣椒的“回锅肉”。

范总还给我们做了干蒸鸡和烤鸡，这两种做法就把河田鸡的优点发挥出来了：选用150天刚刚成年的母鸡，只用盐入味，放入蒸笼里蒸，鸡的汁液少量析出，留在碗底，手撕鸡肉蘸着碗里的浓缩鸡汁，无比鲜美嫩滑；同样的鸡用烤箱

烤，香气四溢，也是如此嫩滑。原来，河田鸡是嫩滑的，只是当地人喜欢质地坚硬，所以才过度加热。

三位师傅也做了第一轮菜，兰明路师傅做了老坛酸菜鸡。河田鸡斩件，将自己泡的泡酸菜、泡萝卜、泡酸姜与鸡块和鸡汤同煮，泡菜里的糖、有机酸、氨基酸等与鸡肉的谷氨酸、鸟苷酸、肌苷酸联合作战，鲜味更充分；而泡菜中的酸、醇、酯、酮、烃及杂环类化合物等风味物质，将鸡肉里的醛、醇萃取出来，香味四溢。这是典型的川味，当地人不一定能接受。

刘新师傅做了一道香草凉拌鸡。先将鸡煮熟，然后拆肉去筋、骨，成鸡丝，将香茅等几种香草、炸花生、炸番薯丝、小米辣等和鸡丝与调制的酸甜汁一起搅拌，香草里的醛类与鸡肉里的己醛互打招呼，香味十足，花生也加重了鸡肉的果香味。这个菜酸酸辣辣，是典型的西双版纳风味，但辣得有点激烈，估计当地人不喜欢。

老杨师傅祖籍福建，虽然没在福建长大，但家里饮食也是满满的福建风味。他做了一道墨鱼炖鸡，将鸡肉斩件，墨鱼干、党参、香菇、蜜枣和鸡汤一起炖煮一个半小时。墨鱼的肌苷酸、鸡肉的谷氨酸、香菇的鸟苷酸给这锅汤带来浓得化不开的鲜味。大量的党参药香太过浓郁，大量的蜜枣也让这个汤变得很甜，这个汤倒是闽菜风味十足，但当地人可能会觉得太甜。

这一轮做的菜主要是给当地人品尝，看看他们的反应。其实，当地人有自己的审美标准，当地厨师已经可以解决他们的口味偏好，三位师傅需要的是开发出更多新口味，做出符合更多人味觉偏好的河田鸡菜式。也许是受当地烹饪河田鸡做法的影响，三位师傅这三个菜都有个特点：为了避免口感太硬，都采取长时间烹制的方式。结果是，鸡的味道大部分都跑到了汤里，留在鸡肉里的鲜味和香味不多，可惜了。

这个意见，我很委婉地传达给了三位师傅，不知他们听不听得进去。

“鸡”不可失

拍摄的第三天上午，我和兰师傅一组，去拜访另一个河田鸡养殖户，野牧农场的范玉祥大哥。

范玉祥大哥当过兵，退伍后当过厨师，10年前上山养鸡，平时一个人在山上照顾着6000多只鸡，周末老伴过来帮忙。农场是范大哥一手建起来的，当初贷款四五十万元，现在还有20多万元的贷款，主要是用于周转，购买饲料必须一手交钱一手交货，以他目前的存栏量6000多只，货值也有50万元左右，所以并没什么压力。范大哥不懂网络销售，少量的零售主要靠早年的战友介绍后的口碑传播，更多的是通过批发的形式销售。对他来说，有事干，能赚点相当于工资的收入，没有什么压力，他也就知足

香草凉拌鸡

了。这种知足常乐的心态，让他将养鸡视为一种乐事，只要不亏，赚多赚少并不会太在意，认真地养鸡，养够时间就卖，价格不好就不卖，真是“与鸡同乐”。

我们在范大哥的养鸡场吃的午饭，兰师傅做了韭菜青椒炒鸡蛋和鸡汤汆桑椹叶，都是在范大哥的养鸡场和菜地就地取材。范大嫂做了两个当地的点心，范大哥炒了个米粉，当然，河田鸡是必须有的。范大哥用一个多小时隔水炖鸡，只放一点盐，一层黄油下就是清澈鲜香的鸡汤，鸡肉蘸上酱油，也还可以尝到鲜味。兰师傅大赞鸡汤太好喝了，回酒店路上他便有了心得：河田鸡肉质可以是嫩滑的，是当地的做法把它做柴、做硬了。

果然，第二轮烹饪，大家对河田鸡都有了全新的认识。兰明路师傅做了芋艿河田鸡，取6个月的河田公鸡斩件，用了大蒜、草果、白蔻、丁香、砂仁、豆蔻、桂圆、

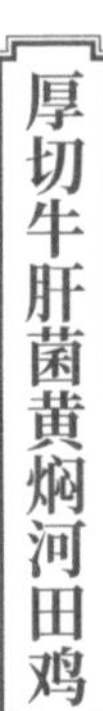

大料、姜、葱、桔梗、香叶、枸杞、枣、胡椒粉等香料又炒又焖，加上当地的香菇和芋艿煮20分钟左右，鸡肉在香料加持下浓郁醇香，嫩中有些许嚼劲，香菇嫩滑，芋艿圆润，只缺一口小酒就可达至完美。兰明路师傅做起川菜，总有神来之笔，这个菜用上芋艿，芋艿吸足了酱汁的味道，本来秀气的芋艿马上变得狂野了起来，而芋艿糊化后释放出的淀粉，形成了一张网，把大部分鸡肉的香味和酱料的香味罩住，这些挥发性的香味物质因此留在菜里，于是越嚼越香。

刘新师傅做了厚切牛肝菌黄焖河田鸡：将河田鸡斩件，配以白酒、精盐、香葱、干红辣椒、大蒜、姜、草果等调料爆炒，再加上当季的厚切牛肝菌，随着香味与鲜味的不断融合碰撞，色鲜味美、油而不腻、辣而不燥、香嫩爽口的黄焖鸡出现了。刘新师傅还不过瘾，又做了一道大理白花木瓜炖煮河田鸡，白花木瓜的果酸，让河田鸡汤变得丰富又清爽，用这个鸡汤汆上一碗米粉，酸爽鲜香之余，还有淀粉带给人的幸福感，令我不禁闭上了眼睛。

老杨师傅则做了一道鸡肉卷：取鸡腿肉在炭火先烤，其他肉和骨熬成浓汁，与葱油和蛋黄打成鸡肉葱油酱，鸡腿肉蘸着酱吃，极嫩极鲜极香，也是不错的。

这一集算是拍完了，从汀州回广州，真是不便。一早坐高铁到厦门，“酱油哥”陪我吃了个午饭，再送我去机场，回到家里已经是晚上7点，一天都在赶路了。这项工作费时费脑，如果没有好的身体，还真扛不下来。

如果不是面临生存压力，工作时一旦感觉到辛苦，就会变得无趣，而无趣就是我最不想要的。拍完这一集，我已经有点想放弃了。

东山白芦笋

篇五　东山白芦笋

芦笋是国人餐桌上鲜有的食材，
却是欧美国家的蔬菜之王，
且曾承担着出口创汇的重任。
东山出产优质白芦笋，
但随着种植面积的减少，
东山白芦笋会不会成绝唱，
能否『东山』再起？
带着这些思考，我们一起走进东山，
且看白芦笋的『前世今生』。

芦笋是外来物种

拍完河田鸡，真感觉到累了，连续11天在外奔波，这已经破了我在国内离家时间的最高纪录。生活节奏被打乱，早晨到高尔夫球场运动更是无从谈起，回家一称体重，重了3斤，这是过劳肥。

休息是没有希望的了，答应浙江卫视《所说很好吃》的录制，还有最后两期，总不能言而无信，又从广州飞往杭州，3天时间又没有了。这时麦太又来电话，《上新吧，福味》第四集准备在9月24日至27日拍摄，这期拍的是福建东山的白芦笋。

芦笋，是中国人餐桌上鲜有的蔬菜。我第一次吃芦笋，还是20世纪80年代，我到住在县城的姨妈家做客，姨妈拿出一个芦笋罐头，我们用刀又劈又撬，才把罐头打开，一根根芦笋嫩芽整齐地站立在罐头瓶里，连汤也不舍得倒掉，一起和肉片做了一大碗汤。但结果却令人十分失望，软塌塌的口感，不可能是美好的体验，一股说不清道不明的味道，倒是与“抗癌”多少可以联系起来，“药物”嘛，有点怪味可以理解，只可惜了那些肉片，在那个年代，猪肉可不是天天可以吃得到的。后来才知道，原来这些芦笋罐头，居然在当年承担着出口创汇的重任，做成罐头只是为了保鲜，也不适合用来做汤。

让我好奇的是，无论是在超市还是在肉菜市场，芦笋都是一个极少数派，鲜有人问津。究其原因，其中的一个就是：这货进入中国时间不长，国人对它太陌生了。

芦笋是天门冬科天门冬属多年生草本植物，未出土的呈白色，称为白笋；出土后呈绿色，称为绿笋。虽然生长地域不同，但不管是哪种芦笋，只要照到阳光就会变成绿芦笋，埋在土中或遮蔽阳光，就会让芦笋色泽偏白。

芦笋原产于地中海东岸和小亚细亚地区，距今3000年前的埃及人是最先吃芦笋的，在公元2世纪，希腊医生已经指出，芦笋是一种对身体十分有益的蔬菜和药物。古罗马人也是芦笋的粉丝，为了保鲜，他们将芦笋制成干品食用，甚至把芦笋保存于阿尔卑斯山脉的冰里。1469年，法国人开始人工种植芦笋，这是最早的人工种养芦笋的记录，经过长期的人工栽培驯化和选择，大约到16世纪，在荷兰首次形成了芦笋的栽培品种。此后，欧洲大陆各国便开始大量栽培，使芦笋成为欧洲许多国家的传统食品之一。约在17世纪，随着欧洲移民范围的扩大，芦笋栽培传入美洲，接着便向许多国家和地区传播。芦笋在清末由侵华的外国军队带来传入中国，直到20世纪70年代才开始大量种植芦笋。

在我国新疆西北部和北方各地的高山上，有一种叫龙须菜的植物，它的嫩芽叫石刁柏，看起来就是缩小版的芦笋，植物学专家史军博士认为它是芦笋同科同属的兄弟物种，两者之间并不可以画等号。

这让“我们早就有”派有点失望了。翻看资料，不少人想努力证明芦笋我们自古以来就有。他们搬来了大文豪苏轼的：“竹外桃花三两枝，春江水暖鸭先知。蒌蒿满地芦芽短，正是河豚欲上时。”说这首诗中的“芦芽”指的就是刚刚从泥土中冒出尖尖角的芦笋。在他们眼里，连宋朝大诗人欧阳修也描写过芦笋的美味：“荻笋鲥鱼方有味，恨无佳客共杯盘。”说诗中的“荻笋”就是芦笋。有的还搬来明朝徐光启的《农政全书》，说里面就有“芦笋考”，可见我国的古人们也已经品尝过这种珍馐了。又引用东汉的《神农本草经》中的描述：“（芦笋）是上品之上，地位仅次于人参”，一下子将中国人吃芦笋的历史往前推到了汉朝。引用宋朝苏颂的《本草图经》，里面也有关于芦笋的相关记载：“其味小苦”，能起到“清热止渴”的功效。

可惜的是，千方百计的论证都弄错了，各种努力证明“我们早就有”的资料，实际上指的是芦苇的嫩芽。芦苇的嫩芽，有的地方也叫芦笋，但此“芦笋”非彼芦笋，张冠李戴，把自己骗蒙了。

芦笋是蔬菜中的“优秀生”

虽然芦笋对国人来说有点陌生，但在国外，它却位列蔬菜之王，被列为世界十大名菜之一，一直在国际上拥有较高的地位。

作为“蔬菜之王”，混的圈子肯定和一般的“菜民”有所不同。在欧美国家级的宴会上，芦笋几乎是一道必备的菜肴，比如美国前总统布什夫妇招待北约秘书长夏侯雅伯及其夫人，前总统小布什在白宫南草坪宴请印度总理辛格，芦笋都上了菜单。在高档的餐厅，蔬菜往往被做成沙拉生吃，芦笋却是例外，往往是做熟后与主菜搭配，一同上桌。在国内，芦笋也是国宴上的常客：1971年，国宴上首用芦笋招待美国客人基辛格；2008年北京奥运会闭幕式国宴，在宴请多国首脑的国宴上，第一道菜就是“奶油芦笋浓汤”；2009年时任美国总统的奥巴马访华，其夫妇被宴请时，就有一道菜是“清炒茭白芦笋”。

芦笋之所以能在西方被称为蔬菜之王，最大的原因还是好吃。芦笋有着鲜甜的味道，鲜来自其所含的氨基酸，而甜则来自其所含的糖分。人体有八种必需的氨基酸，而芦笋中这八种氨基酸都有，以谷氨酸和天冬氨酸的含量最高，这是它鲜味的来源，芦笋的英文是asparagus，而天冬氨酸直接就叫aspartate，它们同用一个词根；在100克芦笋中，有2.6克糖，这在蔬菜中算是多的。当然了，芦笋的主要成分还是水，达到92%，这也贡献了脆嫩的口感。

在国外，人们更加推崇白芦笋。科学家为此做了数据分析，虽然白芦笋的天冬氨酸高于绿芦笋，但其他氨基酸含量和微量元素含量还是绿芦笋偏高。按理说绿芦笋应该更加好吃，但后来科学家发现，绿芦笋含有大量的二甲基硫和其他含硫挥发物，这些化学物掩盖了芦笋的部分香味，而白芦笋没有这些缺点，所以在味道上还是白芦笋胜出。

芦笋能够成为蔬菜之王，还因为其理论上的各种功效。其中最被人称道的就是芦笋具有防癌、抗癌作用，这主要得益于芦笋中的硒元素。硒元素确实可以提高人体免疫力、防癌抗癌、防止衰老、防治心脑血管疾病、保护肝脏、修复细胞、保护眼睛等多种功效。在防癌抗癌方面，有了足够的硒，人体内就能形成抑制癌细胞分裂和增殖的内环境，有研究表明，癌症病人术后补充硒元素，能明显控制病情恶化，对放化疗的毒副作用也有减轻效果。因此，在理论上，常吃、多吃芦笋能防癌抗癌。

芦笋另一个“振奋人心”的作用是能够美容，防衰老，益寿延年。芦笋的这个功效还是跟它含有的硒元素有关，人衰老的主要原因是体内氧化系统受损，而硒能激活

人体自身抗氧化系统。与同样具有抗氧化功能的维生素E相比，硒的抗氧化能力比维生素E高出好几百倍。另外，硒能清除自由基，自由基对细胞有一定的损害，它能损伤多种细胞成分，比如细胞的脱氧核糖核酸（DNA）断裂、蛋白质变性或者细胞膜通透性增大，最终会引起人体衰老和死亡。所以常吃多吃芦笋，理论上也就起到了防衰老的作用。

另一个好消息是，多吃芦笋可能减肥。这得益于芦笋中的纤维素含量非常高，它容易让人产生饱腹感，是减肥人士的理想选择。而且，芦笋中含有的水分非常多，纤维素也高，它能促进胃肠蠕动，能够预防和缓解便秘，理论上对减肥的作用倒是靠谱的。

芦笋对心血管也存在理论上的好处，适合高血压人群食用。芦笋中含有大量的芦丁，芦丁是一种含有很多黄酮类的物质，能够加强心肌功能，增加冠状动脉的血流量，这对于防止心律失常、降低血压、降低血脂有很好的作用，还能缓解高血压、糖尿病、高血糖等疾病的症状。

好吃加上有利健康，芦笋坐上蔬菜之王的宝座，天经地义。

知识链接

芦笋有着鲜甜的味道，鲜来自其所含的氨基酸，而甜则来自其所含的糖分，同时含有人体所必需的八种氨基酸，其中谷氨酸和天冬氨酸的含量最高，这也是它鲜味的来源。

芦笋为什么这么贵

芦笋是西方的蔬菜之王，白菜是我国的蔬菜之王，但是，白菜有多亲民，芦笋就有多“脱离群众”，在欧美，芦笋价格一向很高。

芦笋对生长环境要求并不严格，既能耐低温，也能抗高温，在我国南方各种气候都能够正常生长，在寒冷地区只要做好防冻设置也能安全越冬，最适合芦笋生长的温度范围是15～30℃，低于5℃或高于36℃时生长会受到抑制或停止。芦笋是喜光作物，要求强光和长日照，每天日照

时间最好在10小时以上。芦笋是一种不耐涝的植物，对于水分方面，应保持湿润状态，尤其是在采收时要求水分充足，但不能潮湿或积水，要是田间积水过多的话，会出现根系腐烂的情况。在泥土方面，pH值在6.5左右为佳，并要求土壤肥沃，松散性、透气性强，因为芦笋根茎发达，是一种深根茎的蔬菜，只有在这种地方栽培才有好的质量和收成。

这样的种植条件看似随便，但问题是，芦笋对采摘有着特别严格的要求。采摘芦笋，是与时间赛跑，尤其是白芦笋，一旦从土里冒出来，阳光一照射就会发生光合作用，变成绿芦笋。所以，采摘白芦笋只能在太阳还没出来或者夜里人工采摘，并且是从地下切割采收。趁鲜嫩时早早采收的芦笋含有丰富的汁液，含糖量高，带有明显的甜味。芦笋根茎储藏的能量会随着季节逐渐耗竭，嫩芽的含糖量也会逐渐降低。采收之后，活跃的嫩芽仍会继续生长，不断消耗糖分，消耗的速度远远超过其他常见的蔬菜，芦笋风味因此变得寡淡，所含汁液被抽去供应嫩芽继续生长，纤维质也从根基部开始变得越来越粗，这种变化在采收后24小时特别活跃，高温和光线会加速这种进程。

也就是说，采摘芦笋是纯手工作业，还要起早贪黑，还有24小时黄金采摘时间，对运输和存储条件都有严格要求。在欧美，这样的人力成本，足可以把芦笋推至高价。

在我国人口红利时代，人力成本不值钱，我们形成了价格优势，所以可以大量种植出口，换取外汇，现在人口红利期已经结束，芦笋也就不可能便宜了。

我国从20世纪80年代开始大量种植芦笋并出口，已经形成了规模化和摸索出一套完整的种植技术，这种规模优势和技术优势暂时还可以形成价格优势，目前我国仍然是芦笋的最大生产国。我手头的资料是2010年的，那时我国芦笋产量6960357吨，远远领先于第二名秘鲁的335209吨，第三名德国的92404吨。我国芦笋相对集中的产地分布在江苏徐州、山东菏泽等地，而福建东山县的白芦笋，则以优质闻名。

东山出产优质芦笋

早在20世纪80年代，福建省漳州市东山县就开始在沙质地上种从中国台湾地区和美国引进的芦笋了。种植芦笋，东山有得天独厚的优势，丰富的海泥土资源，给芦笋提供了充足的天然有机肥肥源，同时充分利用海细沙供软化栽培，使东山芦笋的品质更加优良。东山县生产的白芦笋嫩茎外观表现乳白，笋条大体笔直，笋尖紧凑，皮层较薄，肉质细嫩，木质化程度小，畸形笋少，品质优异。2010年3月25日，原农业部批准对“东山芦笋”实施农产品地理标志登记保护。

东山县主要土壤类型以沙质土为主，土壤pH值在5.8～6.7之间，有机质含量在1.5～1.9之间，富含铁、锰等多种微量元素。这种土壤类型，土质疏松，通气良好，有利于芦笋根系生长。芦笋是好气性作物，在这种土壤条件下生长，表现根系发达，植株生长旺盛，光合产物积累多，不断供应芦笋嫩茎生长，是东山芦笋产量高的主要因素。

东山县是福建省南部的海岛县，灌溉用水多靠打深水井，利用地下水资源浇灌。其水源水质优良，甘甜可口无污染，优质的水源使芦笋味道鲜美无异味。东山县四面环

海，属典型的南亚热带海洋性气候，冬暖夏凉，年平均温度20.8℃，芦笋在这种气候条件下生长，植株生长旺盛，产量高，品质优。东山县降水量丰富，日照充足。充足的光照，有利于芦笋茎叶光合作用，光合产物多，输送给地下嫩茎生长的养分也随之增多，使东山县芦笋嫩茎产量高，品质好，风味浓厚，内含物量高。东山县空气清新，加上东山工业少，几乎没有重工业，大气中二氧化碳、氮氧化物、悬浮物、氟含量极低。同时，东山县绿化条件好，绿化率达96.2%，森林覆盖率达34.1%，有“东海绿洲”之美称。因此，芦笋在这种环境、条件下生长，品质自然十分优良。

数据分析也支持了东山芦笋是高品质芦笋的结论，东山芦笋嫩茎蛋白质含量达1.62%～2.15%，其他地方的芦笋约为1.4%，蛋白质含量越高，味道越鲜；东山芦笋的粗纤维含量为0.76%～0.82%，其他地方的芦笋约为0.65%，这个指标稍高一点，但还不至于木质化，而粗纤维含量高意味着更健康；东山芦笋的脂肪含量为0.10%～0.13%，是典型的低脂健康蔬菜，其他地方的芦笋约为0.2%；可溶性总糖含量 5.35%～5.67%，其他地方的芦笋为4.85%，可溶性总糖含量越高，味道越甜，口感越好。

但现实又是残酷的，东山芦笋可能会成为绝唱：目前东山芦笋种植面积大为缩小，只有不够0.2667平方千米，出口创汇已成历史，现在只能供本地市场，极少数品质好的供应到北上深广几个大城市。造成东山芦笋当前这种局面的原因有很多，一是当地对海细沙进行了严格的管制，被拿去做了玻璃，丰富的海泥土资源，是芦笋的天然有机肥肥源，海细沙软化栽培，才使东山芦笋的品质更加优良，没有了这些优势，只能重复利用原来的海细沙，造成

了品质和产量的下降；二是随着种植面积大幅缩小，原来从中国台湾和美国引进的荷兰芦笋断供，现在选用的国产品种质量有所下降；三是每天辛苦地劳作，产出并不多，在有其他工作选择的情况下，大量劳动力转向城市务工或海产养殖。

我和三位师傅到芦笋园亲自体验挖芦笋，一个小时才挖了3斤半，按统收价一斤6元，收入不到20元。据收购站的老板介绍，大户人家种2000平方米芦笋，认真地干，一天会有200多元的收入。这个貌似还不错的农业收入，前提是凌晨三四点就下地挖笋，白天还要侍候好芦笋园，而且还没刨去肥料的投入。可是，到城里打工，工作更轻松，每天也有200多元的收入，这个产业于是逐渐式微。

看来，如果要复兴这个产业，必须摒弃传统的农户单干模式，采用规模化农庄生产或合作社模式，提高芦笋产量和质量，从而大幅度提高芦笋价格才有出路，而这近期不可能实现。东山白芦笋退出我们的餐桌，似乎不可挽回。

蔬菜之王芦笋也有缺点

作为蔬菜之王的芦笋，优点非常突出，但缺点也同样明显，比如，在吃到芦笋之前，我们很难知道芦笋是否足够嫩，当我们“踩雷”时，那满满的一口残渣，伴着一阵苦味，令人“不吐不快”。

决定芦笋嫩不嫩有两个关键环节，第一是在刚冒芽的时候采摘，第二是运输和储存。芦笋在采摘下来后变化是如此之快，如何给芦笋保鲜，是一个难题。目前能够做到的，就是抑制芦笋采摘后继续生长，包括不让它见光，放进密封袋甚至是抽真空保存。芦笋最适宜的储存温度是0～2℃，过低的温度也不行，芦笋在－0.6℃时会结冰，这会令芦笋的品质大打折扣。

一般的肉菜市场并没有这样的储存条件，所以，如果一定要在家里烹饪芦笋，建议你到有这种储存条件的超市里买。买回来的芦笋，烹饪前可把它们泡入5%～10%的糖水里，这样可以补救部分水分和糖分的流失。对付木质素结构的茎菜和柄菜有一个办法：削皮！但这个办法对芦笋无效，因为木质素不仅存在于芦笋外皮，还会出现在茎干中央部位，有效的办法是：轻轻用力弯折柄梗，由于物理应力，柄梗嫩的部位会折断，只取嫩的部位食用，老的部位坚决不要。这不是浪费，否则一整盘没人吃倒掉，才是真的浪费。当然了，这段老的部位可以拿来炖汤，也就不浪费了。

芦笋的缺点之二是它的嘌呤含量太高了，尿酸高和痛风患者不适合食用芦笋。如果确实想吃，可以先在开水中焯一会儿，让部分嘌呤析出，降低嘌呤的含量。同时，芦笋含有部分草酸，尤其是木质化的芦笋和采收后期的芦笋，草酸含量大幅上升，这时的芦笋会有苦味，用开水焯芦笋，可以让部分草酸释放到水里。

芦笋的缺点之三是，有些人吃了芦笋，尿液会有一股臭味。这种现象在18世纪就已经被发现，但直到1987年，科学家才用一种能检验化学物质的仪器对“芦笋尿”上挥发成分进行分析。结果，他们在“芦笋尿”中发现了如下化学物质：甲基硫醇、二甲基二硫、二甲基硫醚、二甲亚砜以及二甲基砜。进一步研究之后，他们发现，甲基硫醚与二甲基硫醚的混合物与“芦笋尿”闻起来气味接近。原来，芦笋内含有一种叫芦笋酸的物质，这种物质经过人体的消化分解之后，会变成发臭含硫的成分，与芦笋酸不同，它经过消化之后具有挥发性，在普通室温下会蒸发，过不了多久，就能闻到难以忍受的味道。但是，并不是所有人吃了芦笋都会产生这种尿液，也不是所有人都能闻出这种气味。2010年，科学

家才发现，人类产生这种气味和辨别这种气味的能力与基因有关，但个中原因，还未完全弄清楚。

好消息是，即使吃了芦笋产生难闻的尿液气味，也是“自产自销”，并不会影响到别人，既然不会“扰民”，如果自己不嫌弃，那就放心地吃吧。

知识链接

芦笋内含有一种叫芦笋酸的物质，这种物质经过人体的消化分解之后，会变成发臭含硫的成分，所以有的人就会闻到这种“尿液味”。

“东山”再起

尽管东山芦笋种植面积只有不到0.2667平方千米，但经40年的消费习惯积累，东山人还是很喜欢芦笋的。毕竟是产地，省略了运输环节，价格自然便宜了一些，在当地的肉菜市场，芦笋的价格在一斤10～15元之间。当然了，品级只能是一般的。

我们到芦笋园里体验挖芦笋，发现即便是埋在地里的芦笋，也因为木质化严重而很难从土里掰出来，最近干旱的天气，使好水的芦笋从本来可以一天长出来，变成好几天还待在沙土里，还没冒头就这样老去了。将近10月，芦笋也到了收获的尾声，我们来的不是最佳时机。

果然，到当地的餐厅吃芦笋，都碰到同样的问题：芦笋太老了，入口嚼一会儿，鲜甜清脆过后留下的是一口残渣，也不是不能咽下去，但变得美好不起来。当地人拿芦笋做菜，方法比较简单：新鲜的巴浪鱼略煎过后猛火滚出奶白色的浓汤，加芦笋下去一同熬煮一会儿，多种游离氨基酸都跑到汤里，汤鲜美无比，芦笋就只剩下一点味道和一口渣了。清炒芦笋、芦笋炒蛋，芦笋的鲜味和甜味都得以完整保留，清脆的口感也得以体现，缺点依然是满口渣。

炭烤芦笋

三位师傅吃过当地人做的白芦笋后，也开始大显身手，第一天小试牛刀，梁建宇师傅做了一道沙茶酱干逼白芦笋：用肥猪肉在砂锅炼出猪油，放入沙茶酱炒香，再放入白芦笋慢慢翻炒。热力破坏了白芦笋的细胞壁，芦笋的部分水分释放出来并蒸发，脂肪和沙茶酱进入白芦笋里，这是粤菜的一种入味方式。这道菜镬气十足，也很入味，可惜采用的芦笋木质化比较严重，结果就是一口渣，水分流失过多的芦笋也失去了清脆的口感。

朱保师傅做了一道5J火腿白芦笋：将白芦笋刨成薄片，用水一冲就形成卷曲的形状，西班牙5J火腿也削成薄片，再调出微酸微咸酱淋上去。这是一道餐前冷菜，火腿的浓鲜和芦笋的清鲜形成了味觉的对比效应，芦笋的清脆

表现也很完美，也没有木质化，但火腿霸道的味道让芦笋彻底沦为配角，不太出彩。

黑明师傅做了两道菜，一道是炭烤芦笋：用五花肉裹上芦笋最嫩的部分，在炭火上烤熟后再撒上盐和黑胡椒粉。五花肉发生美拉德反应，香味四溢。热力透过五花肉再渗入芦笋，芦笋的鲜和甜对应的物质分子因为加热变性彻底释放了出来，而汁液因为有五花肉的保护得以保留，获得了满堂喝彩，黑明也获得了“黑明买买提”的称号。

另一道菜沙虫芦笋则不是我喜欢的：将芦笋塞进沙虫里，在热水里焯一下，捞起摆盘，再淋上大蒜末调的酱。捣碎的大蒜，蒜氨酸酶与蒜氨酸结合，产生了浓烈的大蒜素，把沙虫的鲜和芦笋的鲜甜完全盖住，这就浪费芦笋了，不如换上黄瓜，毕竟蒜蓉拍黄瓜也是一道家喻户晓的名菜。

第二天做菜，大家对芦笋的认识更深刻了。梁建宇师傅做了两道菜，第一道是餐前凉菜百香果芦笋：取白芦笋最嫩的一段，焯水后过凉水，将芦笋的部分嘌呤和草酸释放到水里，又保留了芦笋的清脆，红石榴汁上色，淋上百香果汁加味，这是将白芦笋的甜发挥出来。百香果的浓香和芦笋的清香形成对比，水果的酸甜与芦笋的清甜也形成对比，让味觉清晰地识别出芦笋的甜味。

第二道菜是河田鸡芦笋汤，选用福建汀州的河田鸡煮出鸡汤，芦笋刨成片解决芦笋的木质化问题，在鸡汤里简单地焯一下，芦笋、炸过的樱花虾连同鸡汤一起吃，鲜得温润沉稳。这道汤表现的是芦笋的鲜，将粤菜追求清淡，表现食材本味的风格发挥得淋漓尽致。

朱保师傅做了一道黑松露酱烩鲜鲍拼白芦笋。东山有鲍鱼养殖基地，选用当地的鲜鲍鱼，用猪肉煎香后与鲍鱼焖煮，吸收了猪肉鲜味的鲍鱼再烩上黑松露酱，鲜香浓郁得化不开；白芦笋在鸡汤里煨入味后再在平底锅里煎一下，细胞壁受破坏后失去了脆感，但鲜味也增加了。这道菜白芦笋依然是配角，但这个配角非常出彩，躲在鲍鱼浓郁的鲜香后面透露出来淡淡的鲜和甜，似冰清玉洁的少女，招人怜爱！朱保师傅又使出海派善于中西结合的绝招，这道菜，似曾相识，又别具一格。

黑明做了一道猪肝缘文蛤芦笋汤。取猪的护心肉炖汤，这块肉在猪肝的边缘，所以厦门人称其为“猪肝缘”。芦笋只取嫩的一段，木质化的那一段也不浪费，与护心肉一起炖汤，然后捞出弃用，炖出一锅鲜汤后再加文蛤、芦笋和薄切梅花肉一起下去焯一会儿，只盛梅花肉和芦笋，再加汤。这是鲜味氨基酸代表大会：猪肉贡献了谷氨酸，文蛤贡献了肌苷酸和琥珀酸，芦笋贡献了天冬氨酸和谷氨酸。这几种呈鲜味的氨基酸汇于一锅，其味道之鲜，简直是一种味觉“暴力”，而芦笋的汁液得以保留，既脆又鲜又甜。闽南菜表达鲜是毫无克制的，为了鲜，他们可以“上不封顶”。

在大师们的手里，芦笋的表现是如此优秀。真心希望东山白芦笋可以重振雄风，希望欧美人家的蔬菜之王，也可以成为我们中国人的餐桌常客。

篇六　诏安青蟹

『一蟹上桌百味淡』，要把大家都熟悉的螃蟹做得既美味又有新意，除了选材，还考验师傅们的烹饪方法。本集出场的三位大厨都是实力不凡，看师傅们如何演绎诏安青蟹，同时能给我们带来什么惊喜呢？

青蟹好吃的条件

东山县与诏安县相邻，为了赶进度，拍完东山芦笋，节目组马不停蹄转到诏安县筹备拍青蟹，我则利用空档的一天到厦门，参加凤凰网金梧桐南区颁奖活动，9月28日下午再赶到诏安与节目组汇合。这一集阵容强大，有“当红炸子鸡”（流行语，最近很受追捧的人）、米其林年度年轻厨师刘禾森师傅，红得发紫的“上青杰哥”和来自广州的米其林、黑珍珠餐厅广御轩冯永彪师傅。我担心的名厨招募难这个问题完全不存在，是节目有吸引力，还是王圣志导演忽悠厨师有一套？

时间太赶了，好在对青蟹我还是了解得比较全面，但前期的调研一点也马虎不得，我早在这之前就给现场调研团队开列了一个调研清单：

1. 诏安青蟹是锯缘青蟹还是拟穴青蟹？

2. 当地养殖规模有多大？历史上最大的个体有多重？养殖户见过青蟹脱了几次壳？

3. 搞清楚养殖的水质条件和饲料构成。

4. 当地青蟹的蛋白质、氨基酸含量。

5. 当地对青蟹有没有奄仔蟹、重壳蟹、软壳蟹、水蟹、肉蟹、膏蟹、黄油蟹之分？当地是怎么烹饪的？

这是一个简单的清单，“上青杰哥”本身就是海鲜专家，权威的海鲜专家厦门“海鲜大叔”随时可以提供支持，看来这一集我不需要太操心。

我们平时所说的青蟹，其实有4个不同品种，分别是个体最大的锯缘青蟹、酷爱挖洞的拟穴青蟹、大螯是紫色的紫螯青蟹和身体呈橄榄绿色，大螯呈橙红色的榄绿青蟹，这4个品种的形态差异，主要反映在前额缘齿长度和螯足腕节内刺大小。其中，锯缘青蟹和拟穴青蟹的额缘4齿较长，紫螯青蟹为中等，榄绿青蟹最短。榄绿青蟹的螯足掌节外刺较其他3个品种退化。锯缘青蟹和紫螯青蟹的螯足腕节内刺发达，长度与外刺相近；榄绿青蟹的螯足腕节内刺完全退化；拟穴青蟹多数成年个体的腕节内刺退化，但仍有少部分个体腕节内刺与外刺长度相近，长而尖锐，未成年个体具有发达腕节内刺的比例更高。一般可根据螯足和步足上网格状斑纹有无、头胸甲额缘齿的形状、螯足和步足上刺的大小与有无来区分不同种类，锯缘青蟹螯足有网格状斑纹，而拟穴青蟹则没有。经过比对，诏安青蟹属锯缘青蟹。

锯缘青蟹因其头胸甲背为青绿色、前侧缘的侧齿状似锯齿而得名。锯缘青蟹栖息于浅海及潮间带（即涨潮淹没，退潮干露的滩涂），多栖息在泥沙底质和有海草而低凹、退潮后还有水的地方，以及红树的根基附近和浅海岩礁石洞或有其他掩蔽物的地方。食物组成中以软体动物和小型甲壳动物为主，也常以滩涂蠕虫为食，也食小鱼、小虾，有时在胃中也有发现植物的茎叶碎片。人工养殖的锯缘青蟹，对饵料无严格的选择，小杂鱼、虾、小型贝类（蓝蛤、寻氏肌蛤、河蚬、蛳螺等）、豆饼、花生饼均可为食。锯缘青蟹有同类互相残杀的习性，常捕食刚脱壳的软壳蟹。

锯缘青蟹分布范围很广，印度洋至西太平洋热带、亚热带海域，都可以看到它的身影。锯缘青蟹对盐度的适应范围较广，能在盐度5‰～32‰的海水中生长，最适盐度为12‰～16‰。锯缘青蟹分布的海区不同，对水温的适应范围也有差异，在上海、江苏沿海及广东北部沿海，锯缘青蟹生长的最适宜水温为18～25℃；在广西沿海，锯缘青蟹在水温18～30℃时生长正常，最适水温为20～26℃。当水温降至7～8.5℃时，锯缘青蟹停止摄食与活动，进入休眠与穴居状态；水温在37℃以上时，锯缘青蟹不摄食；水温升至39℃时，锯缘青蟹背甲出现灰红斑点，身体逐渐衰老死亡。

不同产区的锯缘青蟹风味也有所不同，根据合肥工业大学食品科学专业王福田的研究成果，渤海、东海和南海的青蟹均具有较高的灰分含量，肌肉粗蛋白含量均在15%以上，性腺粗蛋白含量均在25%以上。雌蟹肌肉的必需氨基酸指数（EAAI）均在70以上，但东海和南海雄蟹肌肉里的氨基酸含量较低；渤海和南海青蟹肝胰腺中的必需氨基酸指数大于60，但东海雌蟹肝胰腺这个指标则略逊一筹。三大产区青蟹的矿物质含量均比较丰富，肌肉和性腺组织中的EPA、DHA和多不饱和脂肪酸（PUFA）的含量均较高，肝胰腺EPA、DHA和多不饱和脂肪酸（PUFA）含量相对于肌肉和性腺则显示出较低，但这个指标三大海域的青蟹区别不大。通过综合分析可以认为，渤海和东海青蟹肌肉的营养品质优于南海青蟹，肝胰腺为渤海青蟹营养品质较优，性腺为东海雄蟹、渤海和东海雌蟹性腺营养价值较好。真要排座次，渤海雌雄青蟹的营养品质相对较好，东海排第二，而南海的青蟹则只能屈居第三了。

也就是说，没有证据证明诏安青蟹比其他地方的锯缘青蟹更优秀，但这些指标只针对野生品种，对于养殖的青蟹，饲料、水质才是决定青蟹品质的关键。按当地的叫法，只有交配过的雌性锯缘青蟹才叫“红蟳”，获得国家地理标志证明商标的仙塘红蟳，是福建省漳州市诏安县桥东镇的特产，以个体浑圆、外壳颜色比较鲜红，肉质清香、纤维细腻，膏体金黄、咸淡适中，既无咸腥味，又无淡水泥臭气著称。从地理环境看，诏安主要河流有东溪和西溪，海水与溪水相交汇，水质的咸淡适中，为青蟹的生长提供良好的生长环境。诏安又是亚热带季风气候，日照时间长，气候温暖，冬无严寒，夏无酷暑，雨量充沛，也适合锯缘青蟹生长。当地人养蟹经验丰富，蟹池里的水干净，给螃蟹喂养的饲料是小鱼和贝类，这比野生螃蟹的生存环境更优越，这就是诏安青蟹好吃的原因。

当然了，决定青蟹菜品品质优劣的还有烹饪方法，三位大厨都实力不凡，能给我们带来什么惊喜呢？

知识链接

诏安养殖青蟹品质优于野生青蟹，当地养蟹人给螃蟹喂养的饲料是与野生螃蟹觅食对象一样的小鱼和贝类，更丰富的食物使诏安青蟹的氨基酸、蛋白质和脂肪更丰富，这是美味的关键；比野生螃蟹更干净的生存环境让诏安养殖螃蟹没有异味；养殖螃蟹都在最肥美时才上市，品质比野生螃蟹更可控。

第一个吃螃蟹的人

都说第一个吃螃蟹的人很伟大，这说法夸张了，饥饿年代，有什么东西不吃的？见到螃蟹，抓来就吃，这很正常。

中国人吃螃蟹的历史，至少已有5000多年，考古工作者在对上海青浦的淞泽文化、浙江余杭的良渚文化层发掘时发现，在中国的先民食用的废弃物中，就有大量的蟹壳，这说明当时的人已经吃螃蟹。周王朝时代，人们将螃蟹制成"蟹胥"，类似于我们今天的蟹酱，不过，古人所说的"蟹"，指的是河蟹。

古人说海蟹，一向不规范，蠘、拨棹、蝤蛑都乱用一通，同一个词，不同朝代、不同地方叫法不同，但蝤蛑指青蟹，倒是基本达成共识。比如唐代段成式在《酉阳杂俎》中说："蝤蛑大者长尺余，两螯至强，八月能与虎斗，虎不如。随大潮退壳，一退一长。"这里的"蝤蛑"就是锯缘青蟹。

段成式的《酉阳杂俎》是志怪小说，不足为信。锯缘青蟹是青蟹中的巨无霸，但最大也就长到3千克，怎么可能与虎斗？还"虎不如"！看来将段成式这本《酉阳杂俎》

当成饮食类书籍参考，成色不足。聂璜在《海错图》里的解释倒还靠谱，他就此说向近海的老人求证，老人说："蝤蛑大者尤强，虎欲啖，方张口，而蝤蛑之螯且夹其舌，基坚。虎摇首，蝤蛑摧折其螯脱去，虎舌受困数日不解，竟咆哮而毙。"锯缘青蟹哪打得过老虎？老虎一口咬住青蟹，青蟹则用自己的大螯足钳住老虎舌头，老虎痛得张开嘴巴，青蟹卸掉自己大螯逃跑，而大螯则夹住老虎舌头，几天后，吃不了东西的老虎被活活气死加饿死。这个说法，逻辑上似乎成立。

之所以说聂璜这个说法靠谱，是因为锯缘青蟹的附肢在受到强烈刺激或机械损伤时会自行断落，称为“自切”。自切有一定的位置，即在附肢基节与座节之间的关节处，自切后又可以在此处复生新足，但要经过几次蜕壳后才能完成。复生的新附肢同样具有齿、突、刺，但比原来的附肢细小。

相比之下，李时珍就不够严谨了，他在《本草纲目》中讲到锯缘青蟹：“其扁而最大，后足阔者，名蝤蛑。南人谓之拨棹子，以其后脚如棹也。一名蟳，随潮退壳，一退一长。其大者如升，小者如盏碟，两螯如手，所以异于众蟹也。其力至强，八月能与虎斗，虎不及也。”前面说得还行，最后“八月能与虎斗，虎不及也”，照搬段成式的说法，这就必须给差评了。

唐朝时的广州司马刘恂在《岭表录异》中说：“蝤蛑，乃蟹之巨而异者。蟹螯上有细毛如苔，身有八足，蝤蛑则螯无毛。”在这里，他试图分清楚河蟹和海蟹。又说：“赤蟹，母壳内黄赤膏，如鸡鸭子黄，肉白如豕膏，实其壳中。”在这里，他将雌蝤蛑称为“赤蟹”，这一叫法，潮汕话还保留着。至于粤语地区所称的“膏蟹”，则在屈大均的《广东新语》里可以找到：“蟹之美在膏，其未蜕者曰膏蟹。”屈大均注意到一个现象：蟹蜕了壳膏就不见了。福建人将青蟹称为蟳，这是明朝时就已经有的叫法，前面李时珍在讲青蟹时已讲“一名蟳”，那个时候，凡青蟹都可以叫“蟳”。

第一个吃螃蟹的人已不可考，但锯缘青蟹的第一粉丝非苏轼莫属，他在湖州任上写过《丁公默送蝤蛑》，时任处州（现浙江丽水）知州丁公默送了锯缘青蟹给苏轼，苏轼赋诗一首。丁骘，字公默，晋陵（今江苏常州）人。与苏东坡是同科进士，除太常博士，由仪曹出知处州，与苏东坡友谊甚笃，这首诗是这样的：

溪边石蟹小如钱，喜见轮囷赤玉盘。
半壳含黄宜点酒，两螯斫雪劝加餐。
蛮珍海错闻名久，怪雨腥风入座寒。
堪笑吴兴馋太守，一诗换得两尖团。

用现在的话说，大意是：小溪中的石蟹小得像一枚钱币，突然见到蜷缩着的蝤蛑，好像一只赤色的玉盘。看着它橙黄的膏堆满半个壳，酒兴就来了，斩出大螯雪白雪白的肉，饭量都增加了。沿海一带，海汇万类，对于蝤蛑却

是闻名已久，这天吃蝤蛑，下着怪雨，刮着腥风，入座的时候感到了一种寒意。笑自己这个吴兴太守实在太馋这口美味，用诗换得了两只蝤蛑。

“半壳含黄宜点酒，两螯斫雪劝加餐。”苏轼走南闯北，吃过不少方物，很多是他激赏的，比如江瑶柱、河豚之类，却从未用过“馋”字。唯对蝤蛑，竟自称“馋太守”，以诗换蝤蛑，可见，苏轼对蝤蛑之大、之美，食蟹之乐、之趣，倍加青睐，给予一份特别的评价。遗憾的是，这青蟹是怎么做的，他没说。

不过也不用遗憾，古人烹饪螃蟹，不可能胜于今人，螃蟹怎么做好吃，还是看我们几位大厨吧！

不同时期的青蟹

青蟹的风味物质主要藏在肉和膏之中，福建人津津乐道的红蟳，说的就是长满了膏的母蟹。而在相邻的广东，老广津津乐道的却是什么奄仔蟹、黄油蟹。对同一种食物，不同地方的人有不一样的审美标准这很正常，也没有谁对谁错，但了解其中的食物科学，有利于我们做理性的选择。

与所有螃蟹一样，锯缘青蟹在一生中要经多次蜕壳，蜕壳后躯体才能增大。青蟹的壳是厚且不透明的角质层，由碳水化合物与蛋白质混合构成的几丁质组成的网状结构中填满钙质，硬化成像石头一样坚硬的壳。蜕壳是为了制造一个更大的新壳，就如换一件更大的衣服，才可以装得下更大的身体。青蟹在旧壳下利用身体蛋白质与所储存的能量来建造一个新的、柔韧的角质层（软壳），这时的青蟹就是“重壳蟹”。接着，它会挤压已皱缩的身体，并从旧壳较弱的关节处钻出来，这时的青蟹就是“软壳蟹”。经过“脱胎换骨”的软壳蟹吸水使身体膨胀，体重增加了50%～100%，并让新的角质层伸展到最大，软壳长成硬壳，这个时候的青蟹就是“水蟹”。青蟹继续觅食，肌肉

与其他组织取代体内的水分，这个时候的青蟹就是“肉蟹”。

青蟹的每一次蜕壳就是一次成长的飞跃，幼蟹在出生后的第一个月内大约每隔3～4天蜕壳一次，以后蜕壳间隔时间逐渐延长。2月龄以上的蟹，需隔1个多月才蜕壳一次。100克以下的幼蟹，蜕壳一次，体重可比蜕壳前增加一倍左右；100克以上的幼蟹，蜕壳后体重在250克以上；255克的蟹蜕壳后，体重在650克左右。脱壳能让青蟹长大，但诏安养青蟹的蟹农却往往选择在青蟹三个月龄至四个月龄，青蟹长至四两左右时捕捞上市，这是因为青蟹每次蜕壳会死掉一批，有蜕壳未成功而死的，有蜕壳后体弱生病而死的，有蜕壳后成为软壳蟹，毫无抵抗力被同类吃掉的。螃蟹每一次蜕壳，既是成长过程的一次飞跃，也是一次生死之劫。

性成熟而未进行交配的仔蟹，就是老广所说的“奄仔蟹”，由于性腺更为发达，雌奄仔蟹口感好于雄奄仔蟹。奄仔蟹的蟹肉甜美嫩滑、质如软玉，蟹黄似流动的黄油，口感温香，这种“守身如玉”的青蟹并不多。当雌蟹性成熟，在生殖蜕壳前的1～7天左右，通常有一只雄蟹守候在旁，待雌蟹新壳稍硬，约经1天后，雄蟹立即进行交配。交配时，雄蟹掀翻雌蟹，使雌蟹胸板朝天，腹部的两个生殖孔露出，雄蟹即将交配器插入其中，把精子送到雌蟹的纳精囊中贮藏起来。交配时间短则10小时以上，长则需3～4天，一般连续1～2天。交配后，雄蟹仍在旁看守直到雌蟹的甲壳完全硬化才离去。交配后的雌蟹经过一段时间卵巢逐渐发育成熟，然后利用腹脐和腹肢的不断摆动，把产出的卵子洗净并黏附在腹肢的刚毛上继续孵化。

锯缘青蟹的膏，由生殖腺和肝胰腺组成，这是它们最为美味的部分。特别是雌性生殖腺，蛋白质含量高达30.98%，居鲜品蛋白质含量之最。青蟹生殖腺里还含丰富的脂肪，其中不饱和脂肪酸高达70.30%，雄性生殖腺为62.48%。青蟹的肝胰腺分泌消化酶给消化道以分解食物，同时也负责吸收、储存脂肪，作为产卵时的能量来源，它既是青蟹极为美味的部分，也是使青蟹快速腐坏的源头。这个腺体由许多脆弱的小管组成，青蟹被宰杀后，消化酶会很快破坏小管，扩散至肌肉组织，使肌肉发生水解，变

糊变软。这些带膏的蟹非常美味，尤其是雌蟹，就是福建人所说的红鲟，老广所说的膏蟹。

每逢炎夏产卵季节，香港的流浮山、珠江流域，尤其是东莞市虎门太平（本湾）以及深圳后海湾海面，膏蟹会在产卵时栖身于浅滩河畔。退潮时，猛烈的阳光使浅滩上的水温升高，膏蟹受到刺激，蟹体内的蟹膏分解成金黄色的油质，然后渗透至体内各个部分，整只蟹便充满黄油，蟹身呈现橙黄色。这就是老广所说的黄油蟹，黄油蟹的形成机理目前尚不可知。

不同时期的青蟹，肌肉、水分和脂膏的含量不同，实质上是蛋白质、水和脂肪含量不同，风味物质含量不一样，从而决定了它不一样的味道和口感，价钱也从几十元到上千元不等，相差甚远。

味道差那么一点，价钱就相差这么多，值得吗？这些味道又是什么东西？让我们继续深入探讨。

知识链接

青蟹身价不同，在于不同时期，肌肉、水分和脂膏的含量不同，实质上是蛋白质、水和脂肪含量不同，风味物质含量不一样，从而决定了它不一样的味道和口感。

青蟹的滋味

“一蟹上桌百味淡”，螃蟹以其鲜美的味道和丰富的营养，深受广大吃货的欢迎。螃蟹的滋味主要有鲜味、甜味和苦味，这些味道的组成比较复杂。2011年，浙江工商大学食品科学与工程专业的金燕同学，在她的硕士学位论文《蟹肉风味的研究》中，对青蟹、梭子蟹、河蟹的滋味和气味进行了详细的研究，这些内容太过专业，我们拣主要的来说清楚。

螃蟹的鲜味主要由游离氨基酸提供，这些鲜味氨基酸主要包括精氨酸、甘氨酸和脯氨酸，带有较少量的丙氨酸、谷氨酸和牛磺酸。除了游离氨基酸，鲜味同时也可以由核苷酸提供，两者还可以产生协同效应，将鲜味提高20倍以上，这就是蟹肉比其他水产品更鲜的原因。从这些氨基酸和核苷酸的含量看，河蟹第一，青蟹第二，梭子蟹第三，这可以作为三种蟹的鲜味排座次的参考。

螃蟹的甜味由甜菜碱提供，甜菜碱是甲壳纲动物的肌肉中一种非蛋白质的含氮成分，其中主要的化合物为甘氨酸甜菜碱，起着调节渗透压的作用。葡萄糖、果糖和核糖是众所周知的甜味物质，它们具有非常舒适的甜味，但

它们在甲壳类动物的肌肉中含量很低，因而这些游离的糖类对蟹类等水产品的甜味几乎没有贡献。从甜菜碱的含量看，梭子蟹最高，青蟹其次，河蟹最低，这可以作为三种蟹的甜味排座次的参考。

螃蟹的苦味来自色氨酸，色氨酸的含量与螃蟹的品种有关，大体上讲，生活在深海的螃蟹色氨酸会高一点；螃蟹的咸味来自氯化钠和氯化钾，这与螃蟹生活在水中的盐度正相关，有些螃蟹不用加盐也已经有了咸味；螃蟹的酸味主要是乙酸、丙酸、草酸、琥珀酸、丙酮酸和乳酸等有机酸，新鲜的螃蟹这些有机酸含量极低，几乎尝不到酸味。

螃蟹的气味主要是香气，这些香气包括具有甜的、类似植物般的清香气息，通常还伴有金属般的气味和淡淡的鱼腥味的香气。这种新鲜的芳香通常是由链长小于10碳原子的不饱和醇和醛产生的。另外烷基吡啶和含硫化合物对熟的蟹类等水产品肌肉香味起着重要的作用。蟹肉中的香

气成分主要包括醇类、醛类、酮类、呋喃、含硫化合物、含氮杂环化合物、酯类、酚类和烷烃等化合物。这些香气化合物，主要是略带奶油气味的丁二酮，生鸡蛋气味的四氢吡咯，肉香、咸香和酱香味的3-甲硫基丙醛，坚果、爆米花味的2-乙酰-1-吡咯啉，马铃薯味的CIS-4-庚烯醛和反-4-癸烯醛，而螃蟹的腥味则来自三甲胺。

有人喜欢吃蟹肉，有人喜欢吃蟹膏，这实质上是蛋白质、脂肪和水分组合的味觉偏好不同。根据福建师范大学生物工程学院檀东飞、吴国欣、林跃鑫、邱文仁《锯缘青蟹营养成分分析》，从蛋白质含量上看，雌膏蟹高达30.59%，是所有肉类之冠，带膏的公蟹蛋白质含量为17.81%，而肉蟹则只有15.33%。在脂肪含量上，雌膏蟹为14.5%，带膏公蟹为1.27%，而肉蟹只有0.82%。在水分指标上，肉蟹为80.93%，带膏公蟹为80.35%，雌膏蟹为50.69%。总体上讲，蟹肉甜菜碱含量高，所以更甜；蟹膏脂肪含量高，所以更香。浓郁的香味还会掩盖住甜味，这大概可以解释不同人对螃蟹品种有不好爱好的原因。

弄清楚了螃蟹的滋味和气味构成，我们就可以“看菜下饭”，在烹饪中扬长避短，把螃蟹的迷人之处发挥到淋漓尽致。

知识链接

螃蟹的气味主要是香气，香气成分主要包括醇类、醛类、酮类、呋喃、含硫化合物、含氮杂环化合物、酯类、酚类和烷烃等化合物。这些香气包括具有甜的、类似植物般的清香气息，通常还伴有金属般的气味和淡淡的鱼腥味的香气。

“蟹蟹”你

中国人吃螃蟹的历史很悠久，螃蟹也几乎到处都有，大家都很熟悉，要把螃蟹做出既美味又有新意，这有点难度。

福建漳州诏安县与广东潮州饶平县相邻，已经是潮州菜的口味，当地人烹煮螃蟹，当然就是潮州菜烹煮螃蟹的家常做法。我们到了一家大排档，老板招数尽出，计有生腌螃蟹、螃蟹排骨冬瓜汤、面条蒸螃蟹等菜肴。大排档的卫生条件确实惨不忍睹，厨房里几百只苍蝇，让冯永彪师傅直皱眉头，我指着风扇给他看，更是让他直摇头，积累的蜘蛛网应该有一些年头了。在这样的苍蝇馆子吃生腌，大家的筷子不免有些沉重，但摄像机长枪短炮就架在面前，不吃似乎不妥。杰哥提醒大家，做好吃了拉肚子的准备。我和杰哥勇敢地吃了两块，毕竟我们早就习惯了与大肠杆菌和沙门氏菌做斗争，冯永彪师傅和刘禾森师傅只是象征性地动了动筷子。果不其然，一个多小时后，杰哥就已经拉起了“警报”，以极强的意志力忍住到了酒店，但房间门卡出了故障，他在电梯上蹿下跳了四个回合，最后狂奔到一楼洗手间才解决问题。那份狼狈，估计杰哥终生难忘。

至于其他几个菜，味道都很不错。冬瓜排骨青蟹汤，汤既鲜又甜，青蟹的味道基本上跑到了汤里，自身的味道自然寡淡了。面条蒸膏蟹是潮汕乡村宴席的硬菜，面条铺在螃蟹下面，吸收了膏蟹释放出来的汁液，味道当然不错。而膏蟹斩件清蒸，也保留下了不少汁液，鲜味和甜味都有。

三位师傅一致认为，诏安青蟹要想走出去，必须有更精致的做法。于是，三人各显身手，做出不同风格的新菜。

杰哥选用一只一斤的大青蟹，第一道菜是胡椒盐焗蟹。将整只大青蟹蒸至八成熟，再移至铺满炒热的粗盐的砂锅中，由于部分汁液已经先流出来，不至于渗入粗盐中，不会有太多的粗盐进入蟹中；再在螃蟹上面铺上满满一层胡椒，盖上盖子大火猛攻，下面一层盐，上面一层胡椒。螃蟹经高温发生美拉德反应，大分子蛋白质分解为呈鲜味的小分子氨基酸，鲜味因此完全呈现；盐贡献的钠离子与氨基酸结合，分子结构更稳定，表现出来的就是更鲜；而胡椒则掩盖了螃蟹可能的杂味，又增加了香味，这是在传统盐焗蟹的基础上的改造和升级。

杰哥做的第二道菜是姜油焗蟹：用油熬老姜，将姜里的姜醇、姜烯、莰烯、茴香烯、龙脑、枸橼酸及按油精等萃取出来，砂锅里放姜油，再铺上姜片，螃蟹一开两半放进去，盖上盖子，一阵猛攻后再倒进白兰地酒，再焗一会儿。化学上有同性相溶的原理，这些醇类、烯类、醛类物质将螃蟹里带奶油气味的丁二酮，咸香和酱香味的3-甲硫基-丙醛，马铃薯味的CIS-4-庚烯醛和反-4-癸烯醛引诱了出来，因此香气四溢，而螃蟹的鲜味和甜味则保留在螃蟹里，该闻的闻得到，该尝的尝得到，这是传统油焗蟹的升级版。

将食物与地方风味结合，又进行改造，创造出属于自己的味道，似曾相识，又耳目一新，这是冯永彪师傅的一贯风格。他做的第一道菜是菜脯炒肉蟹。取四两的公蟹斩件，要的是它的清甜和更容易入味；取潮汕咸、甜萝卜干各半切碎炒香，再与螃蟹混炒，咸萝卜干的咸让螃蟹的鲜更突出，甜萝卜干的甜为螃蟹的甜加了杠杆。潮汕人所说的“菜脯”，就是腌制的萝卜干，这是潮汕味道的特别符号，冯永彪师傅大胆地把它拿过来用了。

冯永彪师傅的第二道菜是蟹肉面线糊。取雌青蟹蟹黄，河田鸡炖出浓汤，青蟹蒸熟取出蟹肉备用；用鸡浓汤和津冬菜煮面线，放入蟹肉后马上用淀粉水勾芡，淀粉糊化后形成一层网络，将蟹肉易挥发的香味一网打尽，留在了里面；加上萝卜丝和大白菜丝煮烂，放入蟹黄后起锅，吃的时候再根据个人喜好加上芹菜、葱花等，这道菜香鲜甜都十分到位。面线糊是厦门的一道标志性名小吃，彪哥到哪个山头唱哪首歌，但曲调却有所不同。加上鸡汤、蟹肉和蟹黄，这是将粤菜的蟹黄鱼翅做法嫁接了过来，你尝到的是粤菜的味道，而津冬菜这种潮州菜标志性味道的加盟，又提醒你这是潮州菜在向你打招呼。

刘禾森师傅善于用西餐的烹饪方式表达中餐的味道，第一道菜是海鲜饭。用河田鸡熬出浓鸡汤；螃蟹蒸熟拆出蟹肉，螃蟹壳熬出蟹油、蟹汁浓汤；蛤蜊熬出浓汤；将三种浓汤的一部分用于煮珍珠米饭，一部分乳化后做成浓酱，在吸满鸡汤、蟹汤和蛤蜊汤的海鲜饭上铺上蟹肉，淋

姜油焗蟹

上浓酱。这口饭，鲜得如一把利剑，珍珠米的直链淀粉更多，更加爽滑也更有嚼劲，让鲜味逐层释放，余韵绵长。这道菜，味道是中式的，表达方式却是西式的，喜欢西餐的人才可能喜欢，节目组让刘禾森师傅拿着菜给当地人品尝，自然让他备受打击。

刘禾森师傅的第二道菜是蒸海鸭蛋蟹肉。用当地的海鸭蛋蒸出蛋羹，螃蟹拆肉铺在上面，浇上由蟹壳和蛤蜊、鸡汤熬出的浓酱。这道菜的思路与第一道菜貌似相似，但实际上是做了重大修改。用蛋羹取代珍珠米，这更接近中餐，而螃蟹里的四氢吡咯这种带有生鸡蛋味的物质与海鸭蛋自然产生了一种风味上的连接。第一道菜的鲜过于锋利，刘师傅通过减少蟹壳汤和蛤蜊汤的比例，增加了鸡汤的比例，这是减少了琥珀酸，增加了谷氨酸，风味上从锋利转为沉稳。如果说第一道菜的鲜如一把锋利的剑，那这道菜的鲜就如一个重锤。琥珀酸是鲜的，但也是酸的，这也是它鲜得过于锐利的原因之一，刘师傅用藏红花和陈

皮掩盖了这份酸；而指橙的加入，果酸隐隐约约且温和的酸，既去腻也掩盖了琥珀酸的酸味。这道西餐味道上更接近中餐，这才是刘禾森师傅的典型风格。

三位师傅的精彩表现将王导彻底折服，“美味在民间”其实是个不准确的说法，食材来自土地，乡村是最接近新鲜食材的，但民间的滋味过于粗犷，通过大厨们的精雕细琢，可以将美味提升，这就是这些烹饪艺术家存在的价值。

这一集圆满收官，离家已经八天，准备回广州时发现粤康码变黄了，顿然沮丧了起来，回家的路途变得异常麻烦，高铁、飞机是坐不了啦，先回汕头想办法让粤康码变绿，再回广州吧，至于下一集开拍的事，确实没心情讨论，再说吧。

海的尽头是荒漠

连续在东山县、诏安县拍节目，福建是海洋大省，可王圣志导演却把目光聚焦到养殖业和种养业。野生和养殖，是这两集拍摄之余我们经常讨论的话题。

在东山岛拍的是白芦笋，我们一样也关注着这片海洋。早上六点半，节目组就带着我和梁建宇师傅去澳角渔村赶海，船老大盛来顺提前一晚放下笼子和围网，已经到了收网的时候，所以必须赶早。

匆匆忙忙吃了个馒头和鸡蛋，我们就上了渔船。这是一个近岸海湾，离岸几百米就可以撒网放笼，每个笼都有章鱼，大的有一只两三斤，小的也有几两，看来此处是章鱼的主要出没地。而提前一天撒下的网则可以见到黄翅鱼、叶子鱼、泥猛鱼、螃蟹，收获不算丰富，不够一两的小鱼居多。休渔期刚过，这些刚从卵变成鱼的小鱼，估计还没上幼儿园就已经被一网打尽，我看了一下网眼，那叫一个细密。我就不明白了，为了保护海洋资源，可以下决心弄几个月休渔，为什么不管制捕鱼网呢？严格规定渔网网眼，让小鱼成为“漏网之鱼”，才是可持续发展啊！不从渔网方面管制，即便有了休渔期制度，也对海洋资源保

护无济于事，这样下去，海的尽头就是荒漠。

盛来顺大哥抓了最大的一只章鱼，有两斤多，热情地邀请我们去他家做客。趁着新鲜，把章鱼洗净后放高压锅煮，里面放的是油。这是油焖，切块蘸酱油吃，确实很鲜。大哥又给我们一人煮了一大碗黄花鱼面，那种鲜，连梁建宇大师傅都赞不绝口。海鲜海鲜，只要新鲜，怎么做都好吃。

盛来顺大哥十几岁就下海打拼，那个时候的海鲜，多得吃不完，大家盼的是有猪肉吃，如今渔获却是越来越少了。但东山岛毕竟是南海、东海交汇处，只要不是休渔期，海鲜还是不少的，鱿鱼、带鱼、黄翅鱼、马鲛鱼、马友鱼、小黄花鱼、梭子蟹、章鱼都是东山的特产。如何卖出好价钱，才是他们想要解决的问题。

这个问题，盛来顺大哥解决不好，但他大学毕业的儿子盛恩泽解决了。盛恩泽通过电商平台，以“海鲜阿盛”的名号把东山野生海鲜卖到祖国各地，小海鲜餐饮店加零售客户，年销海鲜最高达350万元，这两年受疫情影响，销量下降了不少。阿盛很努力，对未来的经济形势他也很有信心，相信大家的腰包会鼓起来，也就会肯掏腰包买他的海鲜。我问他，以东山岛的野生渔业资源，假设经济形势一片大好，估计他的销售额最高可以达到多少？他估计可以到500万元，毕竟野生渔业资源是有限的。

为了保证质量，阿盛诚信经营，只卖野生海捕货；此外，他投资300万元建立了低温速冻库；他还对海产品进行了初步加工。三两左右的梭子蟹，去壳除内脏，洗净后一排排速冻，这是一种科学的保鲜法。上文也提到过，螃蟹的肝胰腺既是螃蟹极为美味的部分，也是使螃蟹快速腐坏的源头。这个腺体由许多脆弱的小管组成，螃蟹被宰杀后，消化酶破坏小管，扩散至肌肉组织，使肌肉发变糊变软，也就是不新鲜。经过处理的螃蟹，去除了肝胰腺腺体，就可以有效保鲜了。

与东山县相邻的诏安县，也有海岸线，节目组关注的是养殖的青蟹，获得国家地理标志证明商标的福建省漳州市诏安县桥东镇仙塘红蟳，指的应该是野生膏蟹。

高品质的养殖蟹，味道并不比野生螃蟹逊色。生活在滩涂里的野生螃蟹，其生活环境并不可控，在污染日益严重的今天，你买到的一只螃蟹是否带着受污染的滩涂异味，仅从外表上看并无法辨别。养殖的螃蟹可以控制在它品质最佳时上市，而野生的螃蟹，逮到什么算什么，渔民并不会因为螃蟹状态不是最佳而放生。理论上说，养殖的螃蟹可以优于野生螃蟹。

我们拜访了螃蟹经销商陈东辉，镇里的高品质螃蟹基本都会卖给他，他再销往全国各地。陈东辉收购的螃蟹，都在一斤左右，这种规格的螃蟹，对于养殖户来说已是珍品。螃蟹的每一轮长大，都要经过一次蜕壳，这是螃蟹的一次生死劫，螃蟹越大，蜕壳时死亡率越高，养殖户更喜欢把螃蟹养到四两左右就卖了，这是最经济的规模。这些一斤左右的螃蟹，是蟹塘里的“漏网之蟹”。我问陈东辉大哥，野生的螃蟹难找吗？他如实相告，这些螃蟹都是养殖的，野生螃蟹这么大的并不多见，价格也很高。

在螃蟹养殖户林少平家，我和冯永彪师傅详细了解了螃蟹的养殖情况。我们这代人都经历过物质匮乏的年代，与我年龄相近的林少平，他那在村里名望极高、文化水平最高的父亲虽然给不了他上学的机会，但给了他善良、上进、不向命运屈服的性格。养螃蟹让林少平一家走上了小康之路，在蟹塘旁边的简易房，他怡然自得，享受明月清风，也享受岁月静好，倒退着走路是他的健身秘籍，闲来

放声歌唱，可以看出他对当前生活的满足。对他来说，养四两左右的螃蟹就是最佳选择，养出更大、更高品质的螃蟹，他没这个技术，也从未考虑过。

人类一开始就是从事捕猎、采集的，捕猎、采集的

对象都是野生的，只有学会了驯养、种植，才解决了饥饿问题，社会才走向进步。而面对海洋，我们还在崇尚“野生”，我们在这方面还停留在原始社会啊！

我们专注于种植，所以没人会说野生的果实比种养的果实好吃；我们专注于养殖，所以大部分肉类比野生品种更佳，这背后是科学家们的不懈努力，如果科学家们也更关注海洋养殖业，是不是可以养出更高品质的海产品呢？

海洋是浩瀚的，但海鲜并不是取之不竭，海洋“荒漠”化已经显现，人类是时候收敛贪婪的双手，与海洋和

谐相处了。

知识链接

螃蟹保鲜法，就是去除其肝胰腺腺体。螃蟹的肝胰腺分泌消化酶给消化道以分解食物，同时也负责吸收、储存脂肪，作为产卵时的能量来源，它既是螃蟹极为美味的部分，也是使螃蟹快速腐坏的源头。

篇七　福鼎芋头

俗话说：

『秋天吃芋头，年年有余头。』

福建刚一入秋，

王导就撺掇大家来福鼎品芋，

冲着这个好『余头』，

也得即刻动身啊！

不同种类的芋头

国庆过后，要拍摄的是福鼎芋头，尽管我对芋头已经十分熟悉，但准备工作仍不能停。

芋头属天南星科多年生宿根性草本植物，常作一年生作物栽培。芋头原产于东亚和太平洋群岛，我国是原产国之一，马来西亚、印度半岛等炎热潮湿的沼泽地带也是它的发源地，现在已经在全球各地广为栽培。我国的芋头资源极为丰富，主要分布在珠江、长江以及淮河流域。从热带沼泽地到温带旱地，都可种植芋头，这是自然选择和人为栽培驯化的结果。野生芋头原生长于沼泽水滨地带，这就是水芋，随着水的涨落而发生生态变异，形成水旱兼用芋头，再形成旱芋，这个过程是“物竞天择，适者生存”的结果。人类的栽培驯化加速了芋头产地的扩大和品种的优化，野生状态的芋头球茎和叶柄均不发达，涩味重，有的还有毒性，不能食用，经过人类的长期栽培驯化和系统选育，形成了现在的各种栽培类型，并逐渐引至较高纬度地区种植，完成了从热带作物到热带至温带的全覆盖，于是，大家对芋头都不陌生。

虽然芋头南北都有，但各地的芋头还是很不相同。当

岭南人在津津乐道芋头多么粉的时候，“包邮区”的人却在称赞他们的芋头多么糯，一方水土养一方芋，将芋头一个个按产地说也说不过来，按类型说大概可以讲个清楚。

福鼎芋头属于大魁芋。魁芋，顾名思义，个子大，植株高大，分蘖力强，子芋少，但母芋甚发达，以单一为主，粉质，味美，产量高。我国台湾、福建、广东、广西等热带地区常见的槟榔心、竹节芋、红槟榔心、槟榔芋、面芋、红芋、黄芋、糯米芋、火芋等就属于这一大类。其中的优良品种除了福鼎槟榔芋外，还有广西荔浦芋头，广东的花都炭步芋头、韶关北乡芋头，四川宜宾的串根芋，台湾竹节芋、面芋、红芋、槟榔芋。

多头芋：植株矮，一株生多数叶丛，其下生多数母芋，结合成一块；母芋分蘖群生，子芋甚少。广东紫芋，广西狗爪芋，四川莲花芋、泸乐乌秆枪芋，湖南白芋、白面芋、绿柄芋，湖北面芋、红芋、宜昌红荷芋、乌荷芋，浙江奉化芋艿、绿秆芋、金华切芋，福建长脚九头芋，江苏靖江香沙芋、泰兴香荷芋、兴化龙香芋，河南、天津、北京的毛芋头，山西太原毛芋等皆属此类，这种芋头也是粉质，味如栗子。

多子芋：子芋多而群生，母芋多纤维，本类分蘖力强，子芋为尾端细瘦的纺锤形，易自母芋分离，栽培目的是采收子芋。我国中部和北部栽培者多属此类，如重庆绿秆芋，湖北宜昌白荷芋、红荷芋、乌荷芋，湖南长沙姜荷芋、鸡婆芋，杭州、上海的白梗芋、红梗芋，江西新余芋，四川成都红嘴芋头，福建红根无娘芋，广东红芽芋、花腰、大艿，浙江红顶芋、余姚黄粉芋和乌脚芋等，具有红色或紫色叶柄的品种也属此类。

芋头的品种不同，味道和口感也有差异，有的粉，有的糯，都属上品，而那些既不粉也不糯的，则是差品无疑了。这些口感上的差别，实际上是芋头淀粉含量、水的含量之间的差别。有人说芋肉斑纹深的就是粉的，斑纹浅的就不是粉的，这是没有道理的。不论哪种芋头，芋肉都有斑纹，那是酚类化合物染成淡紫色的脉管，烹饪时，酚类物质和色彩会扩散渗入米色芋肉让芋肉染上淡淡的色泽，有些也渗透到汤汁里。

粉的芋头，实质上就是水分少，淀粉多，淀粉的比重比水小，所以想选择粉的芋头，就选较结实且没有斑点、体形匀称，拿起来重量轻的，就表示水分少。也可以观察芋头的切口，切口汁液如果呈现粉质，说明淀粉含量高，肉质香脆可口；如果呈现液态状，说明水分含量大，这样的芋头就不能要。

淀粉的构成，不外乎碳、氢、氧，这些东西也是蛋白质和水的构成成分。芋头淀粉的多寡，与芋头的品种、气温、土壤有关，福建福鼎的芋头好，也与这些指标有关。

知识链接

想选择粉的芋头，就选较结实且没有斑点、体形匀称，拿起来重量轻的，就表示水分少。也可以观察芋头的切口，切口汁液如果呈现粉质，说明淀粉含量高，肉质香脆可口。

福鼎出产好芋头

福建省福鼎市地处福建东北沿海，三面环山，一面临海。境内溪流纵横密布，水源充足，形成了西高东低形似马蹄的独特地势和特殊的气候环境。福鼎芋头均种植在水稻田中，且需水旱轮作，水稻土中有3个亚类、7个土属、18个土种的土壤都可以种植福鼎槟榔芋。据全国第二次土壤普查和芋田土样化验分析，土壤有机质含量在1.5%～3.5%之间，由于种植福鼎槟榔芋每亩施用有机肥3000～4000千克，使芋田形成土壤疏松、肥沃，保水保肥能力强，通气性能好的生态田。种植福鼎芋头的土壤pH值在5.5～6.5之间，这是形成淀粉的条件之一。

芋头是喜水植物，福鼎市境内主要河流有水北溪、赤溪、溪头溪、百步溪、照兰溪、双岳溪、陕门溪、三门溪和王孙溪九条，流域面积达1209.3平方千米，这些溪流为农田灌溉提供了充足的水源。据福建省绿色食品办公室和福建省分析测试中心监测，福鼎槟榔芋基地主要从事水稻、芋头及果树种植，灌溉水都是山泉、溪流或从水利渠道中引入的无污染洁净水，山地芋田均采用轮灌法。充足洁净的灌溉用水，为优质芋头提供了根本保证。

福鼎市气候温暖，雨量适中，日照充足，冬无严寒，夏无酷热，气象要素垂直差异明显，属典型的中亚热带海洋性季风气候。年平均气温18.5℃，极端最高气温40.6℃，极端最低气温−5.2℃；最热月（7月）平均气温23.0～28.0℃，最冷月（1月）平均气温4.0～9.0℃，芋头生长期4—10月平均气温17～28℃；年均降水量1669.5毫米，4—10月降水量95～235毫米，相对湿度73%～85%；年均日照时数1727.3小时，总积温5000～6900℃；无霜期268～309天，越冬作物不受冻害，无明显的休眠期。福鼎这种独特的地势和特殊的气候环境，适宜福鼎槟榔芋种植。他们采用“槟榔芋+水稻”的轮作方式，避免了连作病虫害过多的弊端，亩产槟榔芋达1800千克，这比种植水稻的经济效益高多了。

福鼎槟榔芋已有近600年的栽培历史。早在清嘉庆十一年（1806年），福鼎知县谭伦总撰的第一部《福鼎县志》物产篇中就有“状若野鸱，谓之芋魁”的记载。数百年来，在福鼎优越的自然生态环境中，通过独到的栽培管理，形成了独特的风味和体大形美的外观。福鼎槟榔芋，母芋呈圆柱形，形似炮弹；表皮棕黄色，芋肉乳白色带紫红色槟榔花纹，易煮熟，熟食肉质细、松、酥，浓香可口，风味独特，营养丰富。2011年11月22日，原农业部批准对“福鼎槟榔芋”实施农产品地理标志登记保护。

数据也支持了福鼎槟榔芋是优质产品的结论，经福建省农林大学测定，福鼎槟榔芋鲜芋淀粉含量25%～26%，蛋白质含量8.5%～9.1%，含水量64%～66%；经全国食品工业产品质量检测福州站和江苏理化测试中心测定，福鼎芋头干基内含蛋白质7.26%、脂肪0.68%、淀粉76.6%、灰分2.29%、粗纤维1.37%。每100克干基维生素C含量60毫克、维生素B含量20.74毫克，含钙62.8毫克、磷107毫克、铁3.28毫克，人体所必需的18种氨基酸总含量为6.74%。

2009年，为保护福鼎芋这个品牌，福鼎芋协会与专业合作社、种植户达成了共识：严格规定福鼎芋上市时间，不要随意采摘；只有成熟度、甜度有保证，才能上市；精品包装盒必须在右下角特定位置加贴专门标志，否则视为假冒产品。

2009年起，福鼎市连续4年举办福鼎槟榔芋芋王赛。这一赛事的举办使原本农民单纯作为庆丰收自娱自乐的农事活动，变成由政府主办的创品牌、增效益的农产品展示会，不仅促进了福鼎槟榔芋的宣传推介，还赋予槟榔芋更丰富的文化内涵。

但就槟榔芋这个品种来说，广西荔浦的芋头名声更响亮，这也说明福鼎槟榔芋在品牌宣传推广上尚有不少的工作可做，通过这个节目的推广，估计会有所帮助。

知识链接

福鼎槟榔芋，是福建省福鼎市特产，因其种植的土壤pH值在5.5～6.5之间，使其淀粉含量25%～26%，熟食肉质细、松、酥，浓香可口，风味独特，营养丰富。

芋头，原产于我国

中国是芋头的原产地之一，国人吃芋头，当然是历史悠久了。

第一个记录“芋”的文献的是《诗经·小雅·斯干》，这是一首祝颂周王宫室落成的诗，在这首诗的第三章中出现了“约之阁阁，椓之橐橐。风雨攸除，鸟鼠攸去，君子攸芋”。这一段文字记载常被引用以证明周及以前就已经有了芋头。虽然出现“芋”字，但可惜的是，这里写的不是芋头，而是“宇”的通假字，“居住”的意思。这一章的大意是：紧紧捆扎筑墙的木框架呀发出咯咯声，用力夯土呀咚咚响，宫室建成了避风雨，鸟鼠之患尽除去，君子在此能安居。确实跟芋头没什么关系，但用“芋”字通“宇”，说明当时芋头已经比较普遍。《诗经》里出现了很多食物，“芋”字好不容易露了个脸，还说的不是芋头，原因只可能有一个：那时的芋头不好吃，所以不受待见。

第一次正儿八经写芋头的是战国时期的《管子·轻重甲》，当中写道：“春日倳耜，次日获麦，次日薄芋，次日树麻，次日绝菹。次日大雨且至，趣芸壅培。”这是管仲和齐桓公关于如何治国的对话，管仲劝齐桓公掌握好六个时机：春天的耕地时机，下一步的收麦时机，再其次的种芋时机，再下一次的种麻时机，和之后的除草时机，最后是大雨季节将临、农田的锄草培土时机。抓好这六个时节发放农贷，老百姓就被贷款吸引到齐国来了。这说明那个时候齐国已经普遍地种芋，而且和小麦、麻位列主要三大农产品，地位重要得很！

司马迁在《史记·货殖列传》中提过芋头，不过叫它“蹲鸱（chī）”，说四川卓这一姓氏，原来是赵国人，从事冶铁致富，秦灭了赵国，要把富豪们迁到外地，其他人都怕迁太远，都争相贿赂官员希望就近安置，只有卓氏祖先不怕，按政府安排迁到今邛崃市，因为他们认为“此地狭薄，吾闻汶山之下沃野，下有蹲鸱，至死不饥”。“鸱”是一种鸟，黑乎乎的芋头像一只鸟蹲在地上，所以叫“蹲鸱”，在这里，司马迁注意到芋头的最大功能——可以当粮食吃。

西汉的《氾胜之书·种芋篇》中记载：“种芋，区方深皆三尺，取豆萁内区中，足践之，厚尺五寸。取区上湿土与粪和之，内区中萁上，令厚尺二寸，以水浇之，足践令保泽。取五芋子置四角及中央，足践之，旱数浇之。其烂。芋生子，皆长三尺，一区收三石。”如何种芋，汉代的人已经很有心得。

贾思勰在《齐民要术》中专门列了一章讲种芋，有意思得很。他说为什么会叫“芋”？“大叶实根骇人者，故谓之芋”，原来是人们见到芋头很大，发出了“吁”的惊叹，所以用这个惊叹词命名，他可不是瞎说，依据是东汉经学家、文字学家许慎编著的语文工具书著作《说文解字》。他又继续掉书袋，引用三国魏时张揖撰的《广雅》，说：“藉姑，水芋也，亦曰乌芋。”这就不对了，“藉姑”就是慈姑，“乌芋”指的是荸荠，虽然都有“芋”字，但与芋头无关。由此可以看出，由于慈姑、荸荠与芋艿长得有点像，三国时大家都以“芋”一字统称。他又引用了《广志》和《风土记》，把各种芋列了出来，其中的“蔓芋”和“博士芋”，虽有“芋”名，但从“蔓生，根如鹅鸭卵”看，应属于薯蓣一类的蔓生草本植物，与芋头也没有关系。古人不可能有今人如此丰富的植物学知识，我们在读古籍的时候，要注意分辨其中的错误。

《齐民要术》讲如何种芋就是靠谱的：“宜择肥缓土近水处，和柔粪之。二月注雨，可种芋。率二尺下一本。芋生根欲深，斸其旁以缓其土。旱则浇之，有草锄之，不厌数多。治芋如此，其收常倍。”大意是，应该选择肥美、松软而靠近水的地，耕整松软，施上粪。二月，下大雨时，把芋种下地，株距的标准是二尺。芋生长时，根长得深，可以在根的四周锄土，把土锄疏松，旱时就浇水，有草就锄，次数

不嫌多，这样管理芋田，收成常常可以加倍。

史上芋头的第一粉丝，我觉得非杜甫莫属，他在《赠别贺兰铦》中说：“我恋岷下芋，君思千里莼。生离与死别，自古鼻酸辛。”用他喜欢的四川芋儿与贺兰铦思念的江南莼菜做对比，诉说别离的辛酸。在《南邻》中，他又说：“锦里先生乌角巾，园收芋栗未全贫。”当时住在成都浣花溪畔的杜甫，说“南邻朱山人”喜欢戴黑色方巾，他的园子里，可以收获芋头和板栗，不算是穷人了。物以类聚，人以群分，这位“南邻”，其实与杜甫差不多，只是因为自家园子有芋头和板栗，就让杜甫心生羡慕。在《秋日夔府咏怀奉寄郑监李宾客一百韵》中说：“紫收岷岭芋，白种陆池莲。”在《赠王二十四侍御契四十韵》中说："偶然存蔗芋，幸各对松筠。"杜甫对芋头的热爱，可见一斑。穷困一生的杜甫，王安石说他是"饿走半九州"，芋头好吃又顶饿，穷得叮当响的杜甫也只能这样选择了。

史上赞美芋头最卖力的则要数苏轼了，他在《过子忽出新意以山芋作玉糁羹色香味皆奇绝天》中这样说芋头：

香似龙涎仍酽白，味如牛乳更全清。

莫将北海金齑鲙，轻比东坡玉糁羹。

彼时的苏轼，被贬海南，挨饿是常态，儿子苏过弄了点芋头做了个玉糁羹，苏轼那种乐观主义又上来了，说这芋头香似龙涎色泽更洁白，味如牛乳却更清甜，北海的金齑鲙都没它好吃。虽是苦中作乐，却也聊以自慰。

苏轼这首诗，将那时芋头的味道讲清楚了——"味如牛乳"，芋头有牛奶的味道，看来苏东坡吃的芋头质量不错，尽管不是福鼎槟榔芋。

古人烹芋

从有文字记载开始，中国人吃芋头至少有了2000多年历史，吃法也是多种多样，但有一点，没见有人生吃芋头的。

这是因为芋和其他白星海芋一样，都含有大量的草酸钙结晶护针，它们埋伏在蛋白质消化酶附近，当有动物破坏芋皮时，这些草酸钙结晶护针会刺破皮肤，尽管这种“刺破”你肉眼看不见。接着，芋头的蛋白质消化酶便攻击“伤口”，从而引发瘙痒或剧痛，这就是我们给芋头去皮时手部发痒的原因。加热能使蛋白质消化酶失去活性，并溶化晶体，所以芋头只能加热了吃。如果给芋头削皮时手部发痒，把手靠近火上烤一烤也能使蛋白质消化酶失活，就不痒了。这种对芋头毒性感受强弱对每个人并不一样，有的人很强烈，而有的人即使徒手刮芋皮也完全没有感觉。

古人吃芋，最常见的要数“煨”，挑拣不大的芋头，连泥带皮投入刚刚熄了的灶膛里，耐着性子慢悠悠地“煨”，便是最简单有效的烹饪方法。南宋大诗人陆游绝对是“煨”芋专家，他在《闭户》里写道：“地炉枯叶夜煨芋，竹笕寒泉晨灌蔬。”又在《题慧老芋岩》中说：“煨芋当时话已新，如今拈出更精神。”还在《芋庵宗慧禅师真赞》中咏叹：“煨懒残芋，打涂毒鼓。舌本雷霆，毫端风雨。”

南宋煨芋成风，范成大在《冬日田园杂兴》中说：“榾柮无烟雪夜长，地炉煨酒暖如汤。莫嗔老妇无盘饤，笑指灰中芋栗香。”同是南宋诗人刘克庄也有：“三儒夜话俱忘寝，户外纵横卧仆夫。椰腹拈来即书簏，芋头煨熟当行厨。”福建人林洪在《山家清供》中讲了个牛粪煨芋头的故事，“昔懒残师正煨此牛粪火中，有召者，却之曰：‘尚无情绪收寒涕，那得工夫伴俗人。’”因为要吃煨芋头，冻得流下的鼻涕尚且没来得及擦掉，哪里还有工夫来搭理那些俗人破事呢？他又为煨芋摘录了一首打油诗：“深夜一炉火，浑家团栾坐。煨得芋头熟，天子不如我。”有了煨芋头吃，比皇帝还舒服。

福建向来是芋头的产区，芋头的做法当然不止煨一种，林洪就讲了不少方法，比如：“大者，裹以湿纸，用煮酒和糟涂其外，以糠皮火煨之。”虽然同样还是煨，但讲究多了，用湿纸包，还用煮过的酒和酒糟涂在外面，这肯定香很多！又说：“小者，曝干入瓮，候寒月，用稻草盦熟，色香如栗。”这是焖芋头干。又引用临安赵两山的诗：“煮芋云生钵，烧茅雪上眉。”这是煮芋头，煮芋头时蒸气在锅上缭绕，就如云彩般，烧茅草时草灰沾到眉毛上，就如白雪一般，做饭的狼狈不堪，在诗人笔下倒成了诗情画意。

作为吃芋大省的福建，做法也就多种多样，早在南宋时就已经吃上了芋泥。当时著名的史学家，莆田人郑樵，在幽僻的夹漈山上盖了三间茅草屋，就在那里离群索居，隐身山林，治学修史。朱熹从建阳到泉州同安赴任途中前往拜访，两人谈古论今，不知不觉天色已晚，郑樵留朱熹在草堂过夜，据说晚饭吃的就是芋头。不过这个芋头吃得有点讲究，煮熟后捣成芋泥，撒上盐巴和姜末调味，这是咸芋泥。两人一连谈了三天三夜，朱熹十分高兴，特地写了一副对联表示感谢，联句是：“云礽会梧竹，山斗盛文章。”这是历史上有名的君子之交，如果传说两人吃芋泥属实，那这芋泥就成了“君子菜”了。而将芋头做成芋泥，则已经是具备相当厉害的烹饪技巧了，如今闽菜和潮州菜的芋泥，就是在此基础上发展而来，只是那时糖不容易取得，所以多做成咸的。

同样具有相当的技术含量的芋头菜，要数袁枚《随园食单》里的“芋羹”：“芋性柔腻，入荤入素俱可。或切碎作鸭羹，或煨肉，或同豆腐加酱水煨，徐兆璜明府家，选小芋子入嫩鸡煨汤，妙极！惜其制法未传。大抵只用作料，不用水。”这段文言文不难懂，文中提到的徐兆璜，就是袁枚的好朋友，时任江宁知府。袁枚在他的名字后面加了“明府”两字，清代官场中客气时称官衔，不直接称正式官衔，而用代称，知县称“大令”，知府称“明府”，巡抚称“中丞”，总督称“制军”。徐知府家的芋羹，只用鸡汤不加水，味道想来应该不错。在这本书中，袁枚还提到芋头的另外两种做法，一是“芋粉团”：“磨芋粉晒干，和米粉用之。朝天宫道士制芋粉团，野鸡馅，极佳。”这是野鸡肉做馅，芋粉加米粉做皮的团子，应该也是美味。另一个是“芋煨白菜”：“芋煨极烂，入白菜心，烹之，加酱水调和，家常菜之最佳者。惟白菜须新摘肥嫩者，色青则老，摘久则枯。”这个芋头煨白菜，家常得很，连肉都没有，只用白菜和酱油的味道给芋头调味，这符合李渔在《闲情偶寄》中所说的："煮芋不可无物伴之，盖芋之本身无味，借他物以成其味者也。"

李渔对芋头过于严苛了，芋本身味道还是挺浓的，单独煮来吃也没问题，前面所说的宋人煨芋就是例子。相反，芋头还很随和，几乎是百搭，可咸可甜，可素可荤，可惜古人捣鼓了几千年，也就这几种像样的做法，肯定没有现代人做得好。这一集请到的淮扬菜侯新庆大师，可不简单，在他的刀下，任何食材都会有万千变化。还有来自马来西亚的西餐男生Addison，甜品小女生"锂电池"小姐，虽然不认识，但这样的中青组合和中西组合，值得期待。

知识链接

给芋头去皮时手部发痒，是因为芋头含有大量的草酸钙结晶护针，当有动物破坏芋皮时，这些草酸钙结晶护针会刺破皮肤，附近的蛋白质消化酶便攻击"伤口"，从而引发瘙痒或剧痛。

小试厨刀

从广州到福鼎，有两种选择，可以坐1.5小时左右的飞机到福州，再从福州坐2.5小时的车到福鼎；另一个选择是先飞浙江温州，温州到福鼎只需1.5小时。第二条线路可以省1个小时，但疫情防控当下，多经一个省，就多了一些查这查那的啰唆，我选择了第一条路线。到福鼎时接近下午6点，大家都已经到齐了，我是最后一个到的。

侯师傅我十分熟悉，另两位师傅也见到了真面目。来自马来西亚的Addison，是位祖籍东莞的华裔，我们用广东话交流比普通话更流畅，为了参加这个节目，他让他在北京的Mulu餐厅歇业了几天。北京妞“锂电池”李展旭，是北京曲廊院餐厅的主厨，为了让她腾出时间来参加这个节目，餐厅专门多招了两位师傅，看来这个节目的吸引力是越来越大了。

从酒店出发，开车约半个小时，到达福鼎市贯岭镇何坑村“种芋大王”张桂凤的芋田里。霜降刚过，芋头可以上市了。50岁的张桂凤，自家只有几分田，又从外出打工的村民那里租来闲置的农田，一个人侍候着十几亩地，一半种水稻，一半种芋头，轮耕作业。种水稻是亏本的，幸好有国家补贴；种芋头的经济效益则好多了，一亩可产1800千克。他精心耕作，产出的芋头质量好，每年参加福鼎槟榔芋比赛，不是“芋王”奖就是“质量”奖，别人的芋头一斤卖7元，他的芋头一斤可卖到10元，扣除一亩600元左右的租金和买化肥的开支，他不雇帮工，自己辛苦一点，经济收益还过得去。实诚的张桂凤负责在田里埋头苦干，他的老婆负责做电商，有了订单，张桂凤就扛起锄头去芋田地里挖芋头，即买、即挖、即发，没有比这更新鲜的了。

热情的张桂凤邀请我们到他家吃芋头宴，芋头鸭汤、芋头饭、蒸芋头、蒸芋艿，这些当地的家常菜，淳朴且清新。当前的农村，生产、生活正处于变革时代，解决了温饱问题，年轻一代的农民当然向往去更现代化、更轻松的城市工作和生活，这就导致了劳动力的流失。低价的农产

品也让农民生产积极性大减，即便是福鼎有槟榔芋这种名优产品，价格也还不错，但每户仅几分田，形成不了规模，还要用心侍候，远不如种茶省事，一些原来种芋的田也转去种茶了，福鼎槟榔芋的总产量其实也在走下坡路。

离开张桂凤家，我们买了他家的一些芋头，三位师傅下午先“初试厨刀”。

侯新庆师傅做了个芋泥松叶蟹文思豆腐，将福鼎槟榔芋蒸熟后加水打成芋泥，用猪油推炒芋泥，加盐和少许白糖入味；松叶蟹蒸熟后去壳取肉，再蒸热后摆在芋泥上面；文思豆腐用菠菜汁调好味后淋在松叶蟹上面，最后再撒上细小如沙的猪油渣。这道菜是三个结合。一是山与海的结合。来自山里的芋头与来自海洋的松叶蟹结合在一起，名贵的松叶蟹让平凡的芋头也高贵了起来，而芋头也让松叶蟹有了亲切感。二是鲜与香的结合。松叶蟹丰富的游离氨基酸和甜菜碱带来的鲜甜，与芋头的板栗和牛奶般的香味结合，已经够销魂了，那几颗入口即化的猪油渣，更是香得在口腔里爆炸，这是这道菜的点睛之笔。三是淮扬菜绣花般的功夫与闽菜的结合。松叶蟹去壳取肉，细如毛发的文思豆腐，这些绣花般的功夫都是为了与芋头配合，闽菜的芋泥在侯师傅的手里变得细腻无比，猪油的加入，给细腻增添了丝滑。善于变化的侯师傅，将闽菜喜欢的猪油渣，由大变小，原本粗犷的猪油渣也变得如润物无声般温柔。芋泥的紫、松叶蟹的粉红、文思豆腐的白、菠菜汁的绿，让这道菜仿如一幅江南美景，侯师傅是用满盘的温柔，表现福鼎槟榔芋细腻的一面。

西餐师傅李展旭做了一道法式甜品福鼎槟榔芋泥挞。将福鼎槟榔芋蒸熟后加水打成芋泥，用牛奶、奶油、咖啡粉和糖给芋泥调味，把芋泥放进挞圈后封口，放进烤箱烤出一个完整的芋泥挞，再放进冰箱冷冻降温。这个甜品设计很大胆，芋头的香味本来就有牛奶味，加了牛奶和奶油，既增加了芋泥的滑嫩，味道上又增加了芋泥的奶香味；咖啡粉既增加了咖啡香味，而咖啡碱的苦又让这个甜品甜得有节制，但这也让芋泥因变稀而难以成型。芋头里的淀粉颗粒太小了，只有土豆的十分之一，做成芋泥后很难成型，李展旭师傅很大胆地用冷却解决这一难题，又带来慕斯般的口感，甜味在低温下显得更甜，不需要加太多糖，符合现代人健康饮食的理念；法式甜品的挞，酥脆中带着质感，与芋泥的丝滑形成口感上强烈的对比，这一步

槟榔芋泥挞

更是艺高人胆大。李展旭师傅是用大刀阔斧的反差，如在钢丝上行走般展现福鼎槟榔芋的细腻。

Addison也是一位法餐师傅，但生长于华裔家庭的他，想还原一下他儿时的味道，做了一道福鼎槟榔芋头糕。将槟榔芋头切块，和粘米粉、切碎的腊肠混合，加五香粉和盐调味，炒制，然后放蒸笼里蒸熟，取出切件，依次在芋头糕上面叠上炒制的辣椒酱、甜椒粒、萝卜干粒、葱花和樱花虾。这道菜是典型的马来西亚华人菜，既有东南亚菜香料用得特别狠的风格，而腊肠和萝卜干的加入，又明显刻上了中餐的烙印。Addison用粗犷和狂野的形式来表达福鼎槟榔芋的细腻：浓郁刺激、酸辣甜的辣椒酱和五香粉、甜椒、葱花、萝卜干、腊肠，通通派上用场。没见过芋头糕的配料用得这么大胆的，福鼎槟榔芋的浓香在它们面前虽然毫不示弱，但也以柔克刚，将它们拥入怀抱；口感上块状的槟榔芋也显得很粗犷，但细嚼之下便很快融化，这种由粗变细的过程让你自己感受，奇妙之余也更深刻体会了福鼎槟榔芋的细腻。

芋头大家太熟悉了，第一回合三位师傅就轻易地把它的美味表现得淋漓尽致，第二天会有突破的可能吗？

再试厨刀

摄制组安排我和侯师傅到当地的菜市场逛逛，令我们意想不到的是，偌大的市场，只有一档卖生芋的，还兼营裁缝业务和粽子。各式食品店，有卖面条、米粿、粽子、肠粉、面包蛋糕的，就是没有卖芋头和芋头产品的。据唯一卖芋的摊主说，当地人喜欢的是偏糯口感的芋艿，我们津津乐道的粉的大魁芋，主要是销往外地，当地人并不喜欢。

这几天的觅食经验也印证了这一点，在张桂凤家里吃到的芋头鸭汤、芋头饭、蒸芋头、蒸芋艿，都是家常菜，不需要什么技术含量。在入住的当地顶级四星级酒店福鼎国际大酒店，吃到了两个餐厅版的芋头菜：挂霜芋头和甜芋泥。挂霜芋头要把芋头切块油炸，把白糖熬至起沙，将芋头裹上一层糖霜，这个做法潮州菜也有，叫“反沙芋头”，只是加了油炸的葱花。甜芋泥是将芋头蒸熟后加糖打成芋泥，用模塑成鲤鱼状。为了塑形，往芋泥里加了面粉，因为有了面粉，这个甜品吃不到芋泥的细滑。而在街边的土菜馆，根本就找不到芋头的影子。可以这样下结论：芋头在福鼎人心目中就是家常食材，做法也是比较粗糙。

美食不是简单地把食物煮熟，而是花足够的心思和工艺，挖掘出食物闪光的一面，这是一种艺术创作。三位师傅第二轮烹饪，对福鼎槟榔芋又进行了新的创造。

侯新庆师傅做了一道福鼎槟榔芋黄鱼狮子头。用福鼎相隔不远的宁德半野生大黄鱼，鱼肉切粒，鱼骨和边角料与鸡汤一起煮出清汤；大黄鱼粒与芋泥捏成狮子头，放进清汤里煮，最后放点盐和葱花调味即成。这是一个层次分明的菜，黄花鱼粒的颗粒状与芋泥的丝滑形成了差异，黄花鱼是嫩的，芋泥是滑的，这是口感上的层次感；黄花鱼鲜和芋泥的香，两者都轻盈温柔，但鸡汤贡献的鸟苷酸和谷氨酸，黄鱼贡献的谷氨酸、甘氨酸和酪氨酸，还有鸟苷

挂霜芋头

福鼎槟榔芋头糕

酸、各种游离氨基酸与核苷酸协同作战，鲜得十分凌厉；而黄花鱼里的甜菜碱也因大黄鱼被大卸八块而全跑到了汤里，浓烈鲜甜的汤与轻盈温柔的狮子头形成了反差，这是味觉上的层次；芋泥的紫、大黄鱼肉的嫩白、汤的清澈与葱花的翠绿，形成了视觉上的层次。侯师傅把淮扬菜的功夫与福建的食材结合，小小的改动，大大的创新。

李展旭师傅对她昨天做的福鼎槟榔芋泥挞做了加法，在原来的基础上制作了两款果酱，一款是用当地的四季柚和柚子叶做的柚子酱。这个时候的四季柚还没到成熟期，所以有点苦，而闻起来香的柚子叶，也带着单宁，所以这个酱是略带苦涩，与芋泥挞配起来，降低了甜品的甜度。相当于给一部高速飞跑的汽车加了一个刹车系统，甜中带着节制。另一款是用当地的柿子和老白茶做了一道柿子酱，显得特别清雅爽快。这两种鸳鸯酱风格各异，让芋泥挞本来已经很丰富的味道更加活跃，这种就地取材是有些冒险的，在做好之前会是什么味，她其实并不知道，只能说这北京妞相当大胆，也相当自信。

Addison则回归了他的西餐领域，做了一道法式炒牛肉配芋丸。将牛肉在用马来西亚36种香料爆香过的油中反复淋至五成熟；将芋头蒸熟后和面粉、鸡蛋搅拌做成芋丸，先煮熟后再煎香；将当地的芥兰苗炒熟；牛肉、芋丸、芥兰苗三者摆盘后淋上炒牛肉的酱汁。这道菜，牛肉

不韧但有嚼劲，在咀嚼中马来西亚香料慢慢释放，越嚼越香。芋丸经过这样处理，也变得有弹性，这是令人意外的结果。沾满酱汁的芋丸，也在咀嚼中释放着马来西亚香料的独特风味。芥兰是略带苦味的，沾满酱汁的芥兰，苦味被盖住，只有芥兰香和酱香。《孙子兵法》有三十六计，Addison有三十六种香料，牛肉、芋丸、芥兰都成为表达这个香料王国迷人风味的载体，这是Addison小时候的另一种味道。

三位师傅用新的形式对福鼎槟榔芋头又进行了一次创作，福鼎芋头是可以有多种表现形式的，让它走出去，完全可以做到。

这一集到这里也就收官了，但因一些原因，大家回家的路也变得艰难了起来。让福鼎槟榔芋走出去是我们这一集的目的，现在，目的达成，我们也该踏上艰难的回家之路了。

法式炒牛肉配芋丸

知识链接

单宁是一种苦味和涩味的化合物，在自然界中大量存在，特别存在于植物树皮、叶子和果实中。单宁使植物变得难吃，目的是阻止动物在成熟前吃植物的果实或种子。

篇八　下廪羊

南方也有美味的羊肉，
不膻的山羊——罗源下廪羊，
就是其中的佼佼者。
走进罗源县碧里乡，
师傅们用粤菜、西餐、闽南菜和东南亚菜的方式，
呈现不追求滋补的纯正味觉享受。

中国人吃羊历史悠久

麦太来电，决定12月15日开始，将剩下的两集罗源碧里下廪羊和宁德大黄鱼连着拍完，先拍福州市罗源县碧里乡一种奇特的山羊——“下廪羊”。下廪羊是罗源县碧里乡碧里村、西洋村、廪头村、廪尾村、溪边村等乡村养殖的一种山羊的统称。

羊是从野羊驯化而来，在驯化羊方面，西亚人远远走在我们前面。根据考古成果，大约在1万年前，西亚人就学会了驯服羊；而中国的驯羊史，则要等到青铜时代，比西亚晚了5000年。那时，商代的西北羌人开始以牧羊为主业，再从西北到中原地区，这也可以解释为什么北方人多喜欢吃羊肉，而南方人对羊则比较陌生。

商周时期，羊是非常高贵的美食，所谓“太牢”“少牢”，指王朝高规格祭礼时所用的祭品。古代祭祀所用牺牲，行祭前需先饲养于牢，故这类牺牲称为“牢”，而能够荣幸以“牢”之名祭祀上苍的，唯羊、牛、猪三种家畜。羊用于祭祀，祭祀完毕当然也就被王公贵族吃了，普通人可就没有这个口福了。《周礼·夏官》记载：“羊人，下士二人，史一人，贾二人，徒八人。”说的是周朝专门设置了管理宰羊、烹羊的官员，正儿八经的国家编制，重要得很。

春秋战国时期，养羊已经进入百姓家，《墨子》在说上天爱护天下百姓时就有“四海之内，粒食之民，莫不犓牛羊，豢犬彘，洁为粢盛酒醴，以祭祀于上天鬼神。”这个时候老百姓养羊还是为了祭祀。《荀子·荣辱篇》中有：“今人之生也，方知畜鸡狗猪彘，又畜牛羊，然而食不敢有酒肉。”此时养羊，也不敢在平时杀来吃，只能在重大节日祭祀时顺便打打牙祭，但毕竟比周朝时前进了一大步。

也有人认为春秋后期羊已经比较普及，最起码市场上可以买卖，在《孔子家语·鲁相》里有：“初，鲁之贩羊有沈犹氏者，常朝饮其羊，以诈市人……及孔子为政也，则沈犹氏不敢朝饮其羊。”说的是孔子刚当上鲁国大司寇时，奸商沈犹氏常在早上卖羊前往羊肚子里灌水，等到孔子执政了，沈犹氏再也不敢这样做了。春秋战国时，各诸侯国各自为政，每个国家经济情况不一样，各个国家对待羊的情况也不一样，这其实很好理解，就如我们南北两边人对待羊肉的态度也不同。

至迟在西汉，就已经出现了养羊专业户。司马迁在《史记·货殖列传》中记载：“故曰陆地牧马二百蹄，牛蹄角千，千足羊，泽中千足彘，水居千石鱼陂，山居千章

之材。安邑千树枣。秦、燕千树栗。蜀、汉、江陵千树橘。淮北、常山以南，河济之间千树萩。陈、夏千亩漆。齐、鲁千亩桑麻。渭川千亩竹。及名国万家之城，带郭千亩亩钟之田，若千亩栀茜，千畦姜韭。此其人皆与千户侯等。”意思就是，如果有50匹马、250只羊、250头猪、千石鱼塘、千亩竹林、千株樟树、千株橘树、千株枣树、千株栗树、千株萩树、千亩桑麻、千亩漆树、千畦姜田或韭菜中的任意一种，财富数量都相当于千户侯。250只羊就是

富豪，可见当时羊之珍贵。

魏晋之后，匈奴、鲜卑等北方少数民族入侵中原，民族大融合的同时，随主人南下的羊群，取代了猪成为六畜之首。北方地区大规模养羊，并且形成了一套经验，贾思勰在《齐民要术》里就对此进行总结，“常留腊月、正月生羔为种者上，十一月、二月生者次之”，“羊性缓，喜相聚”，“春夏早放，秋冬晚出”，“圈不厌近，必须与人居相连，开窗向圈，架北墙为厂，圈中作台，开窦，无令停水，二日一除，勿使粪秽”。从选种到生活习性，从放收规律到圈养环境卫生，都讲得头头是道，全面得很。

唐代的皇室与游牧民族错综复杂的血缘关系，以及胡风的流行，促使社会上形成了一个完备的推动羊肉消费的系统。到了宋朝，羊肉终于登上了肉食的巅峰，宫廷的肉食消费，几乎全是羊肉，还成了祖训，而这种消费定例的起因居然是为了勤俭节约。北宋名相吕大防在为宋哲宗讲述家法时就这么说过：

前代宫室多尚华侈，本朝宫殿止用赤白，此尚俭之法也……不尚玩好，不用玉器，饮食不贵异味，御厨止用羊肉，此皆祖宗家法，足以为天下。

相比山珍海味，宫里以羊肉为主要肉食，确实不算奢侈。史料记载，宋仁宗时，“日宰二百八十羊”，这么算下来，宫里一年要杀的羊就是10万多只。清朝著名地理学家徐松编辑了一部《宋会要辑稿》，里面说到宋神宗时，御膳房一年消耗羊肉434463斤4两，羊羔19只。上行下效，嗜羊的风气达到了空前绝后的地步，宫廷御膳、士人宴饮、婚丧嫁娶、烧香拜神，大江南北，不可没有羊肉，羊肉终于独领风骚，地位不容小觑。

中国人的饮食习惯，在宋朝时就基本定了调，到了元、明、清，羊肉的消费也就顺势定格。元和清都是北方少数民族政权，喜欢羊肉自不待言；明朝虽然是汉人政权，猪肉重夺肉食的头把交椅，但定都北京，自然也不排斥羊肉。渐渐地，中国人的食肉地图里，以南北为分野，北方多吃羊肉，南方多吃猪肉；而在羊肉不多见的南方，羊肉也会在节日或进补时隆重登场。

可以这么说，羊肉，是中国人肉食链中的顶端，从不曾缺席。

知识链接

苏州的藏书羊肉、山东的单县羊肉、四川的简阳羊肉、内蒙古的海拉尔羊肉并称为“中国四大羊肉汤”。

为什么北方多吃羊

北方人多吃羊肉，南方人多吃猪肉，这种肉食结构区别，除了历史原因之外，还有其他因素。

首先与降水量有关。在农耕文明体系中，土地是可流通的不动产，一块可以生产各类作物的土地，如果种的是牛羊吃的牧草，显然是天大的浪费。我国幅员辽阔，南北气候差异太大，除了温度差异，对农业生产来说，最大的影响因素还是降水量。基本上以400毫米等量降水线为界，低于这个降水量的，不适合耕作，这些土地长着牧草，所

以适宜放牧，生活在这些地方的人就以羊肉为主要肉食；而高于这个降水量的，则可以种植各种谷物、蔬菜和水果，种植牧草放牧显然不经济。而没有足够的牧草，就不可能大规模地养羊，羊肉自然就不是主要肉食。猪成为南方的肉食主角，还与猪是杂食性动物有关，泔水、果蔬、根皮，什么都吃，这就做到了不与民争地。

其次，与气温有关。尽管南方鲜有牧草，但南方不缺羊，南方的羊是山羊，山上种不了庄稼，才有了牧草，这种往山上跑的羊就被称为“山羊”，而在北方草原优哉游哉吃草的羊多为绵羊。这是两个不同的品种，主要的区别是膻与不膻。膻味的来源，主要贡献者是C6～C12短链脂肪酸，就是只有6～12个碳离子的脂肪酸，包括己酸、辛酸和癸酸等，当这几种短链脂肪酸呈现特定比例时，羊肉的膻味就格外浓烈。另一个膻味来源是支链脂肪酸，其中，4-甲基辛酸、4-乙基辛酸和4-甲基壬酸，被认为是羊肉膻味罪魁祸首。短链脂肪酸和支链脂肪酸，是吃草反刍动物消化牧草时的副产品，它们将草分解为葡萄糖，同时也将脂类分解成多种脂肪酸，而山羊和绵羊消化时，产生的短链脂肪酸和膻味支链脂肪酸的量，要远高于牛、鹿等其他反刍动物，所以羊肉特别膻。

不同品种的羊，基因层面决定了羊消化道内合成膻味物质的多少，山羊的膻味比绵羊重，小尾寒羊膻味比滩羊重。原产于东北亚地区的蒙古绵羊，被认为是全球短链脂肪酸最低的羊种之一，国内优良的羊种，比如宁夏盐池滩羊、新疆阿勒泰大尾羊，都是蒙古羊的良种。传说宁夏滩羊是苏武牧羊时从贝加尔湖边带回的，这个传说，后被科学家用基因鉴定证实。

不同品种的羊膻味差异很大，北方的绵羊可不可以引进到南方来呢？答案是否定的，你看绵羊身上自带一身长毛，为的是抵御北方的严寒，让它们到了南方，夏天如何生存？从开封南迁到杭州的爱吃羊肉的南宋王朝还真干过这事，结果当然是瞎子点灯——白费蜡。不过也还是培育出一个新品种——湖羊。弄来蒙古羊，在缺乏天然牧场的条件下，就改放牧为圈养；当地主产蚕桑，就利用青草辅以桑叶的办法进行舍饲。经过多年人工选育，羊只逐渐适应了南方高湿的气候条件，蒙古羊在太湖周围的杭嘉湖一带定居下来，形成今日的湖羊品种，但与蒙古羊已经不可同日而语。

也就是说，气温决定了北方可以养不太膻的绵羊，而南方只能养有膻味较重的山羊，而膻味是影响人们吃羊积极性的主要原因，不是南方人不爱吃羊肉，而是南方人面对膻味重的山羊，确实提不起大快朵颐的兴头。

知识链接

羊肉膻味重的原因是，羊在消化牧草时产生了短链脂肪酸和膻味支链脂肪酸，它们是羊肉有膻味的元凶，而且它们存在羊体内的量要远高于牛、鹿等其他反刍动物，所以羊肉特别膻。

不膻的山羊

山羊的基因层面决定了其消化道内合成膻味物质偏多，那么，是不是所有的山羊都有很浓的膻味呢？

当然不是，确实有膻味不浓的山羊，比如海南万宁的东山羊，还有福建的下廪羊。

这是由羊吃的牧草决定的，草料中的含硫有机物，能在一定程度上抑制膻味物质的生成，洋葱、葱、韭菜都含硫，所以也常常作为羊肉的佐料。盐碱地和干旱少雨地区的土壤，盐碱度高，生长的都是沙葱、碱蓬、甘草、苦豆子之类的盐碱性植被，这些植物含硫有机物多，所以羊吃这些就会不太膻，这是福建下廪羊不膻的原因。海南万宁东山羊以海岛所生的热带苜蓿作为饲料，和戈壁滩上的碱蓬一样，也是耐碱性植物，所以海南东山羊也不膻。同样道理的还有宁夏盐池滩羊，食物也是盐碱地里耐碱性的沙葱和苜蓿，所以膻味不重。

下廪羊还有很多“奇特”的习惯，比如喜欢吃海水浸泡过的水草或喝海水。和人类一样，羊也离不开盐，盐里的钠离子和氯离子是维持羊体内细胞外液渗透压的主要离子，在维持羊体内的渗透压方面起着重要作用，影响着羊体内水的动向；盐还参与羊体内酸碱平衡的调节；氯离子在体内还参与胃酸的生成，帮助羊消化吃进去的牧草。草原上的羊补盐，主要靠舔含亚硝酸盐的石头，下廪羊近水楼台，旁边就有海水和海水浸泡过的水草可以食用。羊需要盐这一点与其他牲畜不同，所以大家觉得特别，其实这是羊的正常生理需求。不过，下廪羊摄入的盐也多了点，与人不同的是，它们没有因为摄入过多的盐而得高血压，还让羊肉里自带咸味，烹饪下廪羊，不下任何佐料也不会乏味。

真正称得上奇特的习性是下廪羊喜欢吃断肠草。断肠草学名钩吻，别名有野葛、胡蔓藤、烂肠草、朝阳草、大茶药、大茶藤、荷班药等，属于马钱科的常绿藤本植物，分布在中国长江以南的大部分省份。钩吻整棵植物从上到下都有剧毒，根部和嫩芽尤其多。钩吻之所以有毒，是因为其中含有多种钩吻素，这是一大堆结构类似的剧毒生物碱的统称。一般类似化学物质如果要细分，都用甲乙丙丁，可是钩吻素不但有甲乙丙丁戊，还有十二生肖中的子丑寅卯辰，这么复杂的一个“家族军团”，入侵人体后当然也就很难救治。钩吻碱主要的作用是抑制神经活动，服用后消化道会出现烧灼感，就像肠子断了一样，这也是“断肠草”名字的由来；除此之外还有其他症状，如眼睑下垂、垂头、脚软、身体发抖、全身肌肉虚弱等症状，并伴随语言含糊、视野重影、上吐下泻、腹疼难忍等。最终由于呼吸中枢等重要的神经系统受到抑制，在中毒4～7小时后死于呼吸麻痹，最可怕的是，这些过程当中人的意识是清醒的。传说尝百草的神农，就是死于断肠草，可见其毒性有多大。《神雕侠侣》中的杨过误中情花之毒，天竺高僧在情花树下发现了断肠草，高僧认定万物相生相克，于是叫杨过服下剧毒断肠草，情花毒才得解。至于这一情节，纯属小说杜撰，千万不能当真。断肠草是很多剧毒草药共有的称呼，除了钩吻，黄堇、紫堇、紫花鱼灯草、白屈菜、草乌头、醉马草、山羊拗等也被称为断肠草。不过神奇的是，牛、羊、猪吃了断肠草不仅没事，还能长膘呢。在《本草提要》中记载，断肠草“人误食其叶者致死，而羊食其苗大肥”。这是因为牛、羊、猪这类的畜牧

体中含有解钩吻毒素的特殊蛋白酶，能将钩吻碱分解，而断肠草除了富含毒素的钩吻碱外，其营养价值不亚于其他牧草，所以羊吃了断肠草后长得更快。在鸡饲料中掺入钩吻，还可以促进产蛋。

下廪羊的另一“神奇”功效是传说羊血可以解百毒。据说有人轻生吃断肠草，当地人马上杀了一只下廪羊，将羊血灌入患者口中，患者呕吐后就好了。这可不太靠谱，毕竟是传说，即便是真的，一个病例并不具备医学上的意义，再说了，能解断肠草中毒，也不能推出“解百毒”的结论。我猜测，生羊血又腥又膻，中毒患者喝下去后忍不住呕吐出来，这是治疗食物中毒的常用手段——催吐。羊含有分解断肠草毒素钩吻碱的蛋白酶，这些蛋白酶正常情况不存在血液里，如果有的话，也就可以分解误食的断肠草毒素，这就是解毒。当然了，我这推测和上面的传说一样不靠谱，医学上的事还得听医生的。

下廪羊生活的碧里乡，境内地形山岭陡峭，垂直高差大，火山岩高丘山峦起伏，沟谷纵横，山丘坡陡顶尖，山脊呈放射状。下廪羊生活在这种独特的地理环境，善于爬坡，因此肌体特别结实，结缔组织比绵羊要多。下廪羊活动量大，活动范围又广，长膘慢、瘦肉多，一年半载才可长到出栏标准的60斤，价格高自不待言。烹饪时如果不注意它们的生长规律对肌肉的影响，照搬北方绵羊的做法，可是容易做砸的。

廪头村羊倌张维同，算是附近养羊小有名气的专业户，却也只能养几十头羊，每年只有约30头羊可以出栏。村里还有几个老头也有养羊，但每人也只养十几只。陡峭的山岭，适合牧草生长的土地本就不多，干旱和牧草退化，加上羊喜欢吃的断肠草被人割去做草药，下廪羊的生存环境日益恶化；下廪羊平均9个月可以生一胎羊羔，每胎一到三只，生病死亡率高也限制了下廪羊的产量；尽管下廪羊被列为国家地理保护标志，但并没有实质性的保护措施。羊倌们养羊全靠经验摸索，他们隐隐约约感觉到下廪羊也面临种群退化的问题，只能靠互相调配公羊、母羊，避免近亲繁殖。

实在的张维同，坚持只养纯种的下廪羊，每年约30头羊，靠口碑销售，一早就被预订完了，一斤羊也只比别的山羊卖贵几元。我提出明年把他的羊全包了，给他多一倍的价钱，他说不可以，这样他就没有羊卖给别的客户了，都是亲戚朋友，这不是钱多钱少的问题，我如果要，明年可以卖给我一两只，价钱也按市场走就行。他从鲍鱼养殖转向回家养羊，因为鲍鱼也卖不出好价钱，一年养羊收入能有十几万。张维同现在还养着几十头满山跑的小黑猪，虽然没什么成本，赚的是自己的辛苦钱，累是累点，但也只能如此。他认为这个产业也只能做到这个规模，再做大一点他觉得无能为力。

其实也不尽然，山下就是几十亩田地，如果下廪羊可以卖到一斤100元以上，这几十亩田种牧草就是经济的。如果当地农科部门予以支持指导，下廪羊的保种和防病治病问题得到解决，那么提高下廪羊的产量还是有希望的。

与张维同聊了一个下午，天下起了雨，羊也要回羊圈了，这时，村里的聋哑羊倌赶着几头羊回来，这位年近80岁的老羊倌，养了30多年羊，已经患有阿尔茨海默病，大小便不能自理，但每天放羊仍记得十分清楚。看着他的背影，我也不禁为下廪羊的产业前途担忧了起来。

吃羊大全

北方人喜欢羊肉，对羊肉的赞美自不待言；在少羊的南方，若是吃到不太膻的羊肉，大家也赞不绝口，原因只有一个：羊肉确实好吃。

所谓“成也萧何，败也萧何”。羊肉的风味与膻味的元凶都与短链脂肪酸和支链脂肪酸相关，少量的短链脂肪酸和支链脂肪酸是香味，但过多的短链脂肪酸和支链脂肪酸就是膻味。羊吃的牧草有丰富多样的香味物质，活跃的多重不饱和脂肪酸、叶绿素借由瘤胃内的微生物，转化为萜烯类化学物质和百里酚，受热后变为香草、水果、花朵和坚果的味道。下麋羊跋山涉水，运动量特别大，红色肌纤维比例高，能产生更多的香味物质。

这些香味物质在高温下，肌肉酵素会把蛋白质以及供应肌纤维能量的物质分解成小碎片，这些小碎片有单一氨基酸、氨基酸组成的短链、糖、脂肪酸、核苷酸和盐，下廉羊肌肉含盐量本身就高，与氨基酸结合，分子结构更稳定，表现出来就是更鲜。这些物质刺激舌头，释放出甜、鲜、咸的滋味。蛋白质受热，发生美拉德反应，大分子的蛋白质分解为呈鲜味的氨基酸，这些氨基酸相互作用，形成数以百计的香味组合；这些氨基酸与核苷酸相互作用，又把鲜味提升了20倍以上。

国人吃羊吃了几千年，方法五花八门，在袁枚看来，羊的烹饪方法有七十二种，好吃的也只不过十八九种。这只是袁枚个人的看法，好不好吃每个人有每个人的标准，众口难调，真不好下结论，不过，历史上倒是有不少有意思的羊肉吃法，值得说道说道。

贾思勰在《齐民要术》里讲到一种叫“灌肠法”的，做法是：“取羊盘肠，净洗治。细挫羊肉，令如笼肉，细切葱白，盐、豉汁、姜、椒末调和，令咸淡适口，以灌肠。两条夹而炙之，割食，甚香美。”大概是洗干净羊肠，羊肉切碎，配以葱白、盐、豉汁、生姜、花椒调和，灌入洗净的羊肠中，两条肠并排串起来烤，用刀割食。这种方法复杂一些，贾思勰的评价是“甚香美”，想想都不错。

羊排

《清异录》记载了几个关于羊肉的故事，其一说女皇武则天喜吃“冷修羊”。据说这道菜是将羊肉加香料煮熟，趁热去骨，将肉块压平放凉，吃时再切薄片。武则天还曾将这道菜赏给宠臣张昌宗，称之为“珍郎杀身以奉国”。“珍郎”指的就是羊，珍者，精美也，足见她对羊肉的喜爱。这道菜我们现在在冷菜中倒是常见，经常还淋上各种调制的酱料，真想不明白武则天为什么会如此喜欢。其二是一道“于阗法全蒸羊”，于阗是古西域的一个国家，在今天新疆和田一带，说后周广顺年间，宫里负责膳食的官员为取悦皇帝，仿制于阗全蒸羊，结束做砸了。这个全蒸羊就是烤全羊，那时的烤全羊与现在的烤全羊不同，具体做法可参考《饮膳正要》里的“柳蒸羊”：“羊一口，于地上作炉，三尺深，周回以石烧令通赤，用铁芭盛羊，上用柳子盖覆，土封，以熟为度。”有点类似叫花鸡的做法，这个方法闽南和潮汕一带还有人这么做，叫“土窑”，不过主角换成了番薯。虽然用红柳枝覆盖，但上面盖上土，这会把羊弄脏，估计这羊得带着毛一起焗，吃的时候把毛揭开，羊肉才可以吃。

《梦粱录》介绍，在临安街头，各大出名的茶楼酒肆，羊肉的做法颇多，计有鹅排吹羊大骨、蒸软羊、鼎煮羊、羊四软、酒蒸羊、绣吹羊、五味杏酪羊等，每一道都是硬菜。这些做法有的大概可以想象，蒸软羊估计就是蒸羊羔，鼎煮羊估计就是手抓羊，其他的各种奇奇怪怪做法，现在没有类似的美食，无法对号入座。

容易与我们今天羊肉做法对号入座的则要等到大清了，在故宫保留的清帝膳食档案中，乾隆皇帝每天的两顿正餐，经常出现氽羊肉、羊肉包子、烧羊肉、酒炖羊肉羊腱子等菜品的身影。即便是以勤俭节约出名，声称“不能为口腹之故，枉费一钱”的道光皇帝，也经常吃羊肉，不过消费确实降了级，羊肉炖白菜、羊肉片炖冬瓜，不全是荤菜，普通得很，确实有走“群众路线”的态度。至于上层社会，旗人主要是吃涮羊肉，在不盛产羊的江南，袁枚在《随园食单》里也列出了八种羊肉菜，计有羊头、羊蹄、羊羹、羊肚羹、红煨羊肉、炒羊肉丝、烧羊肉、全羊，做法与今天已经没有太大的区别了。

这些做法，基本上都是北方绵羊的做法。对膻味少的绵羊，简单的涮羊肉、手抓羊肉，靠羊肉本身的味道就香得不要不要的，但到了南方，则必须解决山羊膻味重的问题，南方做羊，通常是各种重口味的做法，目的都是去膻或掩盖膻味。

徽菜有一种鱼羊鲜，将鱼和羊一起烹煮，鲜浓得化不开，有人正儿八经地说“鲜”字就是这么来的，还扯上了孔子，说是孔子吃了这道菜才创造了这个字，这就是胡说八道了。“鲜”字始见于西周金文，古字形从鱼从羊，这是因为古人尝到羊肉和鱼肉，觉得都是味道鲜美的食物，新鲜味美就是这个字的本义，而不是说是鱼和羊的组合。《说文解字·鱼部》有：“鲜，鱼名，出貉国。从鱼，羴（shān）省声。”许慎把鲜字解释为一种鱼名，出产在貉国，貉国古时指东北地区少数民族的一个邦国。从羊的“羊”字，许氏以为是“羴”字的略写。羴即膻，指羊身上的酸臭气味。许慎这个说法，与老子的“治大国若烹小鲜”相吻合，都是指鱼，与羊没有关系。

参考资料：最爱历史《从吉祥到不祥：羊的中国史》

下廪羊怎么走出去

新冠疫情大暴发，大家周围都是阳性朋友，三位来自不同地方的师傅还是按时齐聚罗源县了。这一集，节目组请来了澳门永利宫的行政总厨谭国锋师傅，法国艾克菲厨皇协会中国区主席、凯悦酒店集团中国南区副总裁Peter周宏斌先生，厦门雀跃南餐品管理有限公司出品总监黄咪咪师傅，用粤菜、西餐、闽南菜一起表达下廪羊的风味。

第一天，大家一起到碧里乡溪边村拜访村里唯一的养羊户倪礼芳。与廪头村相似，溪边村也是背山面海，山上养羊，山下种菜，冬天的时候，山下的菜地不种菜，长出的青草刚好补充山上牧草的不足。倪大哥今年养了70多头羊，最高峰时养过130多头。一个人养羊、卖羊、杀羊，还自制了专门用于杀羊的屠宰笼，一斤羊卖50元，一斤羊肉卖110元，一年有十几万的收入，劲头蛮好。

倪大哥一早就杀了一只羊，在锅里炖着，热情地邀请我们去品尝。当地的做法是将羊肉砍成一块一块，与党参、黄芪等中药一起下锅熬一个半小时左右。做好后倪大哥给每人盛了一大碗出来，边吃肉边喝汤，目的只有一个：补！我尝了一下，汤里药味很浓，汤是又鲜又甜的。

这一大锅大半只羊，少说也有十几斤羊肉，长时间地炖煮，羊肉的风味物质和5%的蛋白质全跑到汤里，不鲜不甜才怪。遗憾的是，尽管羊肉还保留着95%的蛋白质，但基本上没有什么味道了，一句话：羊汤好喝但营养价值微不足道，羊肉营养丰富但味道却乏善可陈。这种烹饪习惯，源于物质匮乏年代，那个时候人们不轻易杀羊，好不容易有羊肉吃，好吃与否不是关键，能不能“补”才最重要，于是人们烹饪羊肉时会加入各种药材，希望能够达到各种“功效”。

所谓的“补”，也必须与时俱进。在困难年代，大家普遍营养不良，蛋白质、脂肪、糖分、维生素、各种矿物质，几乎什么都缺，吃下一碗“滋补”羊汤羊肉，有时效果还是有的。但现代人普遍营养过剩，缺什么才应该

“补”什么，你已经脂肪过多，还补脂肪，那就是肥胖症脂肪肝；你身体的糖分过多了，还大量补充糖分，那离糖尿病就不远了。补什么应该因人而异，在医生和营养师的指导下进行，拿起一碗肉就关心这东西补不补，在我看来完全没必要。

当地人对羊肉的烹饪早已形成习惯，追求“补”的这种选择偏好根深蒂固，我们也必须尊重。如果羊肉换成另一种做法，一般会被当地人认为“不正宗”。但这种口味偏好，外地人未必能够接受，下廉羊要走出去，同样需要有不同的表现形式。

谭国锋师傅做了一道“羊肉小炒皇”。取羊腿肉，剔除羊腿肉中的筋膜。这些筋膜是联结肌肉与骨头的结缔组织，主要成分是胶原蛋白，它们煮熟的温度与羊肉肌肉

羊肉小炒皇

煮熟的温度不一致，当羊肉熟时，这些筋膜还没熟；当这些筋膜熟时，羊肉的汁液已经被破坏，释放出来，结果就是又柴又乏味，因此必须剔除。“小炒皇”是一道传统粤菜，讲究的是爆炒有镬气，只见谭师傅热锅倒油，放入姜葱未爆出香味，倒入羊肉粒一番爆炒，最后倒入韭菜粒、豆腐粒和腐乳汁、蚝油，瞬间就完成一道菜，装盘后加入炸米粉。用生菜叶包着一起吃，肉香中带着广式羊腩煲的味道，镬气十足而肉味绵缠，一道菜做出两道传统粤菜的味道，这个做法，有些天马行空。

此时的周宏斌师傅，脱下西装领带，从一位酒店高管变身西餐大厨。他要求羊肉要提前一天宰杀后放入冷库中排酸，目的是让羊肉的蛋白酶分解羊肉的蛋白质，羊肉的肌纤维从“马尾巴”变成“披肩发”，于是，紧致的羊肉也变得松软。取羊排，剔掉排骨上的肉，只留靠近脊骨的部分，用十几种香料腌制两个小时后再放进烤箱，用180℃烤45分钟，取出后蘸上用羊肚菌和红酒等材料熬制的酱料。香料的味道只附着在羊排的表层，渗进羊排的外层，里层仍保留着羊肉的本味，经过烤箱加热，羊肉本身的奶香味喷薄而出，草香味在香草的带动下也若隐若现。下廪山羊跋山涉水，肌肉发达，周宏斌师傅敢做成烤羊排，真是艺高人胆大。

集闽南菜、东南亚菜技艺于一身的黄咪咪师傅，做了一

道“鱼羊鲜”。取羊腩部位，经过一个半小时的红焖，羊肉软中带弹，肉香中带着岭南地区烹煮野味的浓香风格。大石斑鱼起肉切薄片，鱼骨熬成奶白色的浓汤，只见她夹起一块红焖羊肉放入碗中，再夹起几片鱼肉，舀两勺滚烫的奶白鱼汤倒入碗中，鱼片迅速卷起。这碗“鱼羊鲜”，鱼肉的鲜与羊肉的鲜不互相勾搭，互相对比，相得益彰，而鱼汤的鲜又把闽南菜善于表达鲜味的特色发挥到淋漓尽致。黄咪咪采用分阶段烹饪的方法，精确地计算着羊肉与鱼肉的火候，所谓的“治大国如烹小鲜”，不过如此。

这一天的拍摄并不轻松，冷空气夹带着细雨，王导看到的是浪漫，我感觉到的是瑟瑟发抖。从早上8点离开酒店，到下午5点多回来，中午没有休息，连轴转之下甚是疲倦，晚饭的时候本已感冒的周宏斌有些顶不住，提前回酒店休息了，我就坐在他旁边，也感觉到些许不适。新冠流行季，希望大家都能顶住，明天还有一天拍摄任务呢。

好羊有新味

拍摄第二天，三位师傅分头行动，周宏斌去拜访当地一位做羊肉的师傅，黄咪咪去拜访一家种花专业户，我陪谭国锋师傅到当地的肉菜市场调研。

谭师傅是逛肉菜市场的超级爱好者，一眼就认出了鮟鱇鱼，鮟鱇鱼的鱼肝被美食界视为海上法国鹅肝，在这里居然只卖5元一斤，鮟鱇鱼肉只卖10元一斤。谭师傅毫不犹豫就下手，他打算今晚做鮟鱇鱼肝给大家吃。

市场上有几档卖羊肉的，大家都很实在地说是普通山羊肉，每斤70元。平时在市场上是不可能买到下廪羊的，原因有二，一是下廪羊每斤要卖到100元以上，从外观来看不好辨认，大家怕花冤枉钱。二是下廪羊太奇缺了，如果想吃，提前一年多从羊羔时就要预订。这种食材具有稀缺性，当地用药材一番乱炖，可惜了。当地人坚信羊肉具有强大的滋补功能，一位买羊肉的阿姨认真地说，李时珍在《本草纲目》里说“要想长寿，多吃羊肉”。我差点儿想告诉她李时珍没这么说过，但还是忍住了。毕竟，带着美好的愿望品尝美食，确实会更香更美。

继续做菜，周宏斌居然做起了中餐，弄了一个白菜粉丝羊肉汤。将大块羊肉煮熟后捞起切片，羊汤和白菜、粉丝共冶一炉，临上菜前将羊肉在汤里面氽烫加热，放进盛着白菜、粉丝、羊汤的碗中，加葱花点缀即可。这个貌似家常的菜，用的却是西餐烹肉的原理——尽量保留羊肉的味道：大块羊肉煮熟，核心区的肉汁还留着，这就保留了羊肉的风味；上桌前氽烫一下，既有了温度，也让羊肉有了汁水，保持了嫩度。这个菜，尝到的是羊肉的奶香味，这是少量的短链脂肪酸和支链脂肪酸释放出来的味道，多了就是膻味。真没想到周宏斌居然可以在西餐和中餐中自由切换。

谭国锋师傅继续剑走偏锋，用爆炒来表达羊肉，做了一道沙茶羊肉炒芥蓝。羊肉爆炒至八成熟，捞起；芥蓝、芹菜、辣椒炒至断生，出锅；起锅烧油，把两者混炒，加沙茶酱调味；烧热铁板，放入少许油，加入洋葱、芹菜炝出香味，把刚才的半成品放进去，香味伴着“滋滋”的响声，仿佛可以看到；最后再洒下一些炸芋片和炸九层塔，增加脆的口感。我们平时做羊肉，多用长时间地炖或烤，谭师傅化繁为简，直接爆炒。分阶段烹饪，准确把握不同食材的温度，所以羊肉嫩，芥蓝和芹菜脆。这个菜通过合理的搭配，表现出羊肉的香草味道：羊肉经过爆炒，是有香草味道的，但量少难以被味蕾捕捉到，谭师傅加入了芥蓝，它的味道来自奎宁；加入芹菜，它的味道来自对-聚伞

花素；加入九层塔，它的味道来自芳樟醇，这些都具有香草味道，所以我们尝出了羊肉的香草味。

黄咪咪则展示出她的另一面，做了一道咖喱羊小腿配红扁豆泥。取羊小腿肉煮40分钟，再加咖喱煮40分钟，这是一个极为聪明的做法：下廉羊小腿肉长期用力，肌凝蛋白丰富，小油滴均匀分布于肉中，风味十足又不肥不腻；丰富的胶原蛋白，即使经过80分钟的炖煮，充满风味的汁液也大量留在肉中，不柴不韧，还自带Q弹；羊肉本身有些许奶香味，咖喱的椰浆就带奶香味，根据同性相溶的原理，咖喱把羊肉的奶香味带了出来；羊肉还有果仁的味道，红扁豆泥浓郁的果仁香味，也让我们尝出了羊肉的果仁味。这道菜，完全符合科学烹饪的原理，好吃。

这一集在“全国一片羊”之下终于拍完了。开拍的第二天，我浑身发冷，我知道自己已经“中招”了，但是，摄制组的工作不能停，五十多人的队伍，一天的费用是多少！我和王导想法一致，只要能坚持下去，就算带病工作，也必须把片子拍完。

宁德大黄鱼

篇九　宁德大黄鱼

『海的尽头是荒漠』，
海鲜并不是取之不竭。
从昔日平常的东海大黄鱼，
到如今一鱼难求，足以见得。
发展水产养殖也成了人类与海洋和谐相处的必经之路。
此次来宁德，
正好趁此机会见识大黄鱼养殖的奇迹。

大名鼎鼎的大黄鱼

如果说这个节目会拍哪些食材我一开始并不知道，但肯定会拍宁德养殖大黄鱼是早就定了的。因为宁德养殖大黄鱼在美食圈的影响力太大了，这当中养殖大黄鱼的领军人物“陈黄鱼”先生的贡献颇大，他几乎用一己之力，将宁德大黄鱼推向全国精致餐厅，最近还在配合着当地政府捣鼓着把大黄鱼评为“国鱼”。这事我却不认可，我们国家到处有鱼，不存在哪种鱼可以代表国家，大黄鱼已经被炒作到天价，果真当上“国鱼”，那价格还得往上走。

我从小在海岛长大，对海鲜的兴趣自不待言，聂璜的《海错图》是我经常参考引用的资料。当读到海洋博物学家张辰亮老师的《海错图笔记》时，我眼前一亮，张辰亮老师用严谨的学术态度和渊博的海洋学知识，全新解释了《海错图》，其中就包括了大黄鱼，要资料去那里找便是。

黄鱼又称黄花鱼，是石首鱼科黄鱼属的一种，黄花鱼又分为大黄鱼和小黄鱼，我们要拍的就是大黄鱼。在一次宴会上，上来一条大黄鱼，我惊叹地叫出“大黄花鱼”，坐我旁边的一位餐厅老板很认真地“纠正”我说应该叫“大黄鱼”，我只能尴尬地笑了笑。没办法，这货本来就有太多名字，大黄鱼还有很多别名，大先、金龙、黄瓜鱼、红瓜、黄金龙、桂花黄鱼、大王鱼，都有人叫。

大黄鱼之所以拥有这么多名字，是因为大黄鱼几乎是四海为家，作为昔日的“行货”，几乎每个人都吃过。在我国，黄花鱼分布范围很广：北起黄海南部，经东海、台湾海峡，南至南海雷州半岛以东。黄花鱼属暖温性集群洄游鱼类，常栖息于水深60米以内的近海中下层。聂璜在《海错图》中说：“此鱼多聚南海深水中，水深二三十丈。”张辰亮老师毫不客气地说他弄错了，大黄鱼不仅南海有，黄海、渤海、东海也都有，而且这几个海域的人都坚称他们的大黄鱼比别的地方好。

不同地方的人对大黄鱼叫法不同，但不论怎么叫，基本上都带“黄”字，那是因为大黄鱼本身就是黄色。我们在市场上见到不是黄色的大黄鱼，那是因为黄花鱼会变色，白天为保护色白色，那是为了伪装，既有利于躲避其他大鱼，又不被小鱼小虾发现，便于觅食；而一到夜晚，就回归到它的本色金黄色。这就是夜间捕捞的黄花鱼是金黄色，白天捕捞到的黄花鱼是白色的原因。

昔日平常得很的东海大黄鱼，如今却一鱼难求，一条2斤以上的野生大黄鱼就能卖到大几千元，这是为什么呢？

东海大黄鱼为何这么贵

聂璜在《海错图》里说到石首鱼，也就是黄花鱼时，写了一首四言打油诗《石首鱼赞》：“海鱼石首，流传不朽。驰名中原，到处皆有。”

一种鱼，连中原都驰名，这种情况，只有带鱼才可享受同等待遇。据《清稗类钞》记载：“黄花鱼，每岁三月初，自天津运到京师崇文门税局，必先进御，然后市中始得售卖，都人呼为黄花鱼。当卢汉铁路未通时，至速须望日可达，酒楼得之，居为奇鲜，食而甘之，诩于人曰今日吃黄花鱼矣。”大清时，京城人吃黄花鱼，皇宫先挑，然后才上市售卖，吃到黄花鱼，还“诩于人”，到处说，怕人家不知道。此时的大清王朝，江河日下，摇摇欲坠，皇上吃黄花鱼，没有纳入贡品，没有特供，只是优先挑选，这也算走了一回“群众路线”吧，不过只是被迫的。

据清末民初美食家唐鲁孙介绍，黄花鱼上市时，北平有接姑奶奶回娘家吃黄花鱼的民俗。“女儿出嫁，上有翁姑，平辈有小姑小叔，晚辈有侄儿侄女，就是吃顿黄花鱼，也轮不到做儿媳妇的大快朵颐。春暖花开，娘家人于是名正言顺地接姑奶奶回娘家痛痛快快吃一顿黄花鱼。”

那时黄花鱼多，不过女人地位不高，在夫家吃不上，还是娘家好。现在女人地位倒是高了，可惜黄花鱼难找了。

大、小黄花鱼，与带鱼、墨鱼一起，曾是东海四大海产，如今却变成“稀缺资源”，破坏性的过度捕捞就是唯一原因。明朝万历年进士，后来官至国子监祭酒、礼部尚书的朱国祯，在记录明朝典章制度、社会风俗、人物著作的《涌幢小品》中载：“海鱼以三四月间散子，群拥而来，谓之黄鱼，因其色也。渔人以筒侧之，其声如雷。初至者为头一水，势汹且猛，不可捕；须让过一水，方下网。簇起，泼以淡水，即定。举之如山，不能尽。”古人知道捕鱼要适可而止，见到鱼群，放走前面两批后才撒网，尽管如此，捕到的鱼还“举之如山，不能尽”。

据张辰亮老师考证，让黄花鱼走上不归路的与一种“敲罟（gǔ）”捕鱼法有关，这种方法是明嘉靖年间潮汕人发明的。发现鱼群后，船队围住鱼群，使劲敲击船舷上的木板，大黄鱼头里的矢耳石在巨响下产生共振，震晕的黄花鱼浮了上来，尽管捞就是。这种“秘笈”原来只在小范围使用，1954年陆续传入福建、浙江，渔获大大增加。这种捕捞方式属于断子绝孙式，大小通杀，仅浙南地区大黄鱼的产量就从5000吨上升到10万吨，多到卖不出去，幼鱼都被当成了肥料。

让大黄鱼遭受灭顶之灾的是对黄花鱼越冬场的围剿。

1974年初春，浙江省组织了近2000艘机帆船前往大黄鱼的主要越冬场外海中央渔场围捕，捕获16.81万吨黄花鱼。这是一次灭门式的捕捞，自此以后，黄花鱼资源一蹶不振，难以形成鱼汛，只能偶尔捕到几条。20世纪50年代，五六年龄的大黄鱼是主角，甚至不乏30岁高龄的，十几斤一条的大黄鱼经常可以见到，如今两斤以上的已经是稀罕得不得了，物以稀为贵，野生黄花鱼已经是几百几千元一斤了。

当然了，这种情况只是出现在东海，黄海和南海仍然有不少大黄鱼，由于过度捕捞，黄海和南海的大黄鱼也呈现出零星化、个头小的特性。由于东海大黄鱼的稀缺，江浙一带又特别喜欢大黄鱼，也使得黄海和南海的大黄鱼价格被炒了上来。在南海，一条三四两重的野生大黄鱼每斤价格在六七十元，一条七八两重的大黄鱼每斤价格在一百多元，如果个头在一斤以上，那价格就翻了好几倍。可以这么说，普通大黄鱼在黄海和南海不算稀缺，超大的大黄鱼才是稀缺。

这个说法东海的“吃货”们可能不太认可，神圣的大黄鱼在黄海和南海居然不少？你所说的是小黄鱼吧？真不值得大惊小怪，最起码在南海沿海人心目中，大黄鱼虽然也是好鱼，但并不排在前列，南海沿海的黄花鱼都是大黄鱼，因为南海不产小黄鱼。大黄鱼和小黄鱼不难辨认，从外表看，大黄鱼的尾巴更修长，尾柄长是尾柄高的三倍多，而小黄鱼则只有两倍多；从胸鳍到鱼侧线有八九排鱼幼鳞，而小黄鱼则有五六排鱼粗鳞。如果解剖就一目了然，大小黄鱼都有鱼鳔，旁边都有白色的支管叫鳔支管，大黄鱼的两条鳔支管是等长的，而小黄鱼是一长一短。

为了恢复黄花鱼种群，东海各地渔业部门都做了一些努力，在黄花鱼的产卵地划定保护区，向大海放流人工养殖的大黄鱼鱼苗，但效果尚不明显，想便宜点吃到东海大黄鱼，人工养殖就是一条可持续的选择。

走进大黄鱼养殖业

聂璜在《海错图》里还注意到大黄鱼的产卵规律，“石首将放子，无所依托，是以春时必游入内海，傍沿岸浅处育之，渔人俟其候捕取。”张辰亮老师研究得特别仔细，指出了聂璜描述的错误：大黄鱼到近岸产卵，并不是聂璜所理解的是为了让卵附着在海岩上，而是因为近岸有淡水注入，浮游生物丰富，可以给幼鱼充足的食物。

聂璜注意到东海大黄鱼的几个产卵场，“大约放子喜海滨有山泉处，故闽之官井洋、浙之楚门、松门等处多聚焉。”这个“闽之官井洋”，就在福建宁德，“楚门、松门”则在浙江台州市。

官井洋位于福建省东北部宁德市境内，台湾海峡西岸，有出海口与海峡相连。官井洋海域东西长约11千米，南北宽约9千米，面积约100平方千米。水深多超过20米，最深处达77米，底质为泥沙、石，有白马河、霍童溪、北溪和杜溪水注入，咸淡水交汇，盐度略低于大洋，饵料丰富，是大黄鱼繁殖、生长的优良场所。每年春夏之交，大黄鱼洄游集此产卵，五六月间，渔汛季节来临，各地渔船云集。1980年起采取定期禁捕，设观察站和大黄鱼养殖中心。1985年经福建省人民政府批准，建立官井洋大黄鱼保护区，其范围跨宁德、福安、霞浦、连江、罗源等县、市海域，面积约280平方千米。

为什么叫“官井洋”？据《福宁府志》记载：因洋中有淡泉涌出而得名。《宁德县志》说：“洋底有井，波涛易作，又号三江口。”对这个说法，我一直存疑，当然了，洋底是不是有井其实不重要，江河水带来丰富的营养，黄花鱼可以在这里产卵，黄鱼幼体容易觅食才是关键。官井洋的得名，我看更靠谱的说法是说官井洋像口水井，洋在其中。或说这一海湾被山围着，空中鸟瞰，深陷似井，也可以称之海深如井。

在20世纪80年代大黄鱼遭受毁灭性捕捞后，经过科研工作者的不断努力，大黄鱼人工育苗和养殖技术在福建宁德地区获得成功。宁德利用其天然的大黄鱼产卵地条件，大力发展大黄鱼养殖业，目前大黄鱼已经成为主要的海水养殖鱼类之一，其年产量占全国养殖大黄鱼总产量的90%左右。

宁德养殖大黄鱼，自然条件优越，他们发明了网箱养殖、大网箱养殖和深海插杆养殖等方法。不同的方法，产量和品质差异很大，价格也当然不一样。

我们拜访了当地养殖大黄鱼经验丰富的曾祖霖大哥，这位毕业于水产学校，有着丰富的大黄鱼育苗、养殖经验的专业人士，曾经也从事大黄鱼养殖业，现在已经转向大

黄鱼养殖病害防治和大黄鱼的深加工。老曾带着我们到养殖大黄鱼的鱼排转了一圈，当地养殖大黄鱼，主要是以鱼排网箱养殖的“菜瓜”为主，大黄鱼在4米×4米的网箱，吃着饲料长大，一年半时间可以长到八九两，两年时间能长到一斤半，在市场无序竞争的情况下，打价格战在所难免，一斤也才卖14元左右。这种生活在狭小空间长大的大黄鱼，由于运动量不足，长得又矮又胖，顶着个肥肥胖胖的肚子，无论味道还是口感，确实差强人意，有负大黄鱼的盛名。这样养出来的大黄鱼，价格便宜，养殖户利润也低得可怜。海上养殖业是一种高风险的产业，这一点利润根本抵御不了风险，养殖户也很痛苦，如此看来，养殖大黄鱼并没有想象中有那么好的前景。

当地养殖户已经意识到这一问题，开始尝试养殖高质量的大黄鱼。老曾带我们去看他参与投资的大网箱鱼排养殖，将传统4米×4米的小网箱扩大到24米×24米，养殖期也从两年延长至三年，这样养出来的“老鱼”，活动空间更大，所以身材更加修长，肉质也紧致了一些，体重也到了两斤左右，一斤可以卖到50元左右，比小网箱养的“菜瓜”利润高了很多。

老曾还对便宜的“菜瓜”进行深加工，十几元一斤的小网箱“菜瓜”，经过三天的风吹日晒，水分蒸发了60%，蛋白酶对蛋白质进行分解，产生了鲜味的氨基酸，只需简单蒸熟，就是一碟美味。经过加工的大黄鱼干，重量只有原来的45%，价格却是原来的三倍多。

随着生活水平的提高，大家对水产养殖的品质也有了要求，原来那种只求效率，不讲质量的粗放养殖方式，既没效益，也造成了资源浪费和环境污染，老曾正在探索的水产养殖高质量发展道路，正是水产养殖业的未来。

知识链接

“菜瓜”就是当地人给鱼排网箱养殖的大黄鱼起的绰号。这种便宜的大黄鱼经过三天的风吹日晒，水分蒸发了60%，蛋白酶对蛋白质进行分解，产生了鲜味的氨基酸，只需简单蒸，也可以很美味。

“闽东壹鱼”

老曾的思考和改变，代表了宁德大黄鱼养殖户的一种方向，但在“陈黄鱼”看来，这种方向还不够有前瞻性，他决定走另一个方向：让宁德养殖大黄鱼向野生大黄鱼无限靠近。

生于1990年的“陈黄鱼”，真名陈珑珑，极具品牌意识的他，在大师傅大董的建议下，对外就以“陈黄鱼”出现，他养殖的大黄鱼就取名“闽东壹鱼”。“陈黄鱼”14岁就从事大黄鱼养殖业，一开始就养殖品相修长的大黄鱼，卖给外地商家。养出不论是外观还是口感和味道都接近野生大黄鱼的养殖大黄鱼，是他一直以来的努力方向。

同样是大网箱养鱼，“陈黄鱼”想的不是如何节约成本，而是如何让大黄鱼的口味更佳，卖出更高价。养殖大黄鱼的饲料，一开始以小鱼、小虾为主；随着养殖业的发展，小鱼、小虾价格攀升，冻鱼取而代之；现在是以鱼粉和豆粕等混合而成的综合饲料。“陈黄鱼”坚持用小虾米和冻鱼饲养大黄鱼，他坚信这样养出来的大黄鱼才有“鱼味”。“陈黄鱼”的坚持是有道理的，对大黄鱼味道起主要贡献的醇、醛、酯类、胺类等化合物，主要由大黄鱼吃

什么所决定，一袋袋的综合饲料虽然营养丰富，可以让鱼长得更快，但所含的风味物质就比小鱼、小虾差得多了。

在大网箱里吃着小鱼小虾长大的大黄鱼，经过近三年的养殖，每条约两斤重，别人的鱼这个时候就可以上市了，“陈黄鱼”却还要让它们“野化”一年。在深海插杆围网，围出一个足球场般大的海域，将在大网箱长了近三年的大黄鱼用活水船运过来，放进插杆围网中，再养一年。这个深海围网由于面积够大，大黄鱼可以更自由地游弋；深达30～50米，天气冷时大黄鱼可以沉至海底避寒；水环境与大海完全连通，围网水域内各样藻类和浮游生物、小鱼、小虾形成一个自然生态链，基本可以满足大黄鱼的食物需求，当然了，还是需要每个月投喂2～3次鱼虾饵料做补充。一年后，这样养出来的鱼重量不升反降，但身形、口感、风味已经向野生大黄鱼靠近，价格也相当可观，1.5斤至2斤一条的，每斤可以卖到100多元，2斤以上的每斤可以卖到200多元，是当地大黄鱼的三倍以上的价格。

经过多年的努力，“陈黄鱼”的“闽东壹鱼”被美食圈高度认可，全国有超过1000家的高端餐厅采购了“闽东壹鱼”。“闽东壹鱼”年销量超过300万条，年销售额超过2亿元，员工超过150人，他几乎用一己之力，将宁德养殖大黄鱼推向了高端食材行列。

如果说老曾思考的是走近百姓家的养殖业高质量发展道路，那么“陈黄鱼”走的就是打入高端消费群的养殖业高质量发展道路，这都是高质量发展，都代表了养殖业的未来，祝愿他们能够走得越稳越好。

知识链接

大黄鱼有没有“鱼味”，主要由大黄鱼吃什么所决定，一袋袋的综合饲料虽然营养丰富，可以让鱼长得更快，但所含的风味物质就比小鱼、小虾差得多了。

揭秘大黄鱼野生与养殖的差别

尽管养殖大黄鱼的技术有了很大的进步，但并没有将东海野生大黄鱼的价格拉下神坛，这固然有“物以稀为贵”的因素在作怪。没办法，大规格的东海野生大黄鱼确实已经很稀缺，但价格差距也与这两者的风味差距巨大有关。

2011年，浙江工商大学翁丽萍的博士学位毕业论文《野生大黄鱼与养殖大黄鱼风味的研究》，揭开了养殖大黄鱼与野生大黄鱼风味上有差异的秘密。

大黄鱼的鲜味来自水溶性肽形式存在的氨基酸，这方面养殖的大黄鱼仅为73.65毫克/100克，而野生的大黄鱼高达130.01毫克/100克；在呈鲜味的氨基酸方面，养殖大黄鱼和野生大黄鱼谷氨酸的含量比值为5.36∶8.05，甘氨酸为35.78∶48.59，酪氨酸为7.92∶22.80，差异不是一般的大。

大黄鱼的鲜味还与核苷酸有关，这是因为核苷酸与呈味氨基酸协同作战，对鲜味有相乘效应。在这方面也显示出较大的差异，其中核苷酸之一的鸟苷酸这个指标，养殖黄花鱼与野生黄花鱼的比为12.24∶12.80，呈味强度为0.98∶1.03；三磷酸腺苷为14.55∶20.12，呈味强度为0.29∶0.40。只有肌苷酸这个指标上养殖大黄鱼胜出，但

也被怀疑与检验的鱼新鲜度不一致有关。

大黄鱼的甜味主要由甜菜碱的含量决定，养殖的大黄鱼100克中只有174.10毫克，而野生的大黄鱼高达440.12毫克。

大黄鱼的腥味主要由三甲胺的含量所决定，三甲胺是大黄鱼死后由它体内的氧化三甲胺分解而来，也就是说，氧化三甲胺越多，鱼死后就会分解出更多三甲胺，也就更腥。养殖的大黄鱼氧化三甲胺高达32.26毫克/100克，而野生的只有6.22毫克/100克，所以，只要不是活鱼，同样的新鲜度，养殖的大黄鱼更腥。

对养殖大黄鱼和野生大黄鱼挥发性风味物质比较研究发现，对大黄鱼气味起主要贡献的醇、醛、酯类、胺类等化合物，养殖大黄鱼中的含量为43.22%，而野生大黄鱼中含量为71.46%，野生大黄鱼的风味成分的构成要明显优于养殖大黄鱼。养殖大黄鱼中风味贡献最大的是辛醛，对野生大黄鱼风味贡献最大的是反-2-辛烯醛，这个东西的味道表现为清香、黄瓜香和脂香，这正是养殖的大黄鱼所缺失的。上述指标差异的主要决定因素是饵料、生长方式和水环境。鱼类等水产品还可以从水环境中汲取营养物质，比如说从水中吸收钙，但养殖区如果受到严重污染，鱼体表会附着大量复杂的细菌。有研究表明，鱼肉的土腥味主要是因为生存环境中含有大量蓝绿藻或放射菌。

这次的烹饪用鱼，选取的是“陈黄鱼”的“闽东壹鱼”，不论是外观、口感还是味道，已经比较接近野生大黄鱼，但差距还是有的，如何通过烹饪进一步改善，全国各地不少精致餐厅都在做尝试，我也品尝过不少做法，这里面大有文章。

知识链接

大黄鱼的腥味主要由三甲胺的含量所决定，三甲胺是大黄鱼死后由它体内的氧化三甲胺分解而来，也就是说，氧化三甲胺越多，鱼死后就会分解出更多三甲胺，也就更腥。

师傅们大耍技艺

疫情肆虐，大家足不出户，餐饮业生意惨淡，师傅们倒是有空，但也一大半正在“养羊”中，好不容易才聚齐了三位年富力强的师傅：广州“跃”系列餐厅主厨陈晓东师傅、上海东方景宴主厨梁永旋师傅、上海食庐主厨孙晓阳师傅。

对这次烹饪的食材“闽东壹鱼”，三位师傅太熟悉了，他们所在的餐厅都用这个食材，每个餐厅都有不同的表现手法，对他们来说，做出几道新菜并不难。

孙晓阳师傅是四川人，他所在的食庐做的是淮扬菜，但孙师傅却做了一道辣椒花椒蒸大黄鱼。将大黄鱼整条放在盘子里，用筷子把鱼架空，鱼上放姜片和葱段，大火蒸10分钟，这是典型的粤菜蒸鱼法，架上筷子是为了让蒸汽能将整条鱼均匀地蒸熟；取出筷子，将盘中鱼汁倒掉，姜片和葱段也不要，这些鱼汁和姜、葱有腥味，不可惜；用生抽和白糖调出蒸鱼豉油，淋进盘中调味，鲜辣椒、鲜花椒铺在鱼上面，将滚油淋上去，辣椒和花椒的香味弥补了鱼鲜味的不足，微麻、微辣和咸鲜，让极嫩的大黄鱼有了些许刚强，这是粤菜与川菜天衣无缝的结合。

潮汕鱼饭

师从黄景辉师傅的梁永旋，虽然来自客家，却做了一道升级版的潮汕鱼饭。大黄鱼先烟熏，赋予大黄鱼烟熏味，再通过低温慢煮，精确地控制着大黄鱼的温度，放凉后加上鱼子酱。“闽东壹鱼”虽然已经是养殖大黄鱼的优秀品种，但与野生大黄鱼相比，鲜味还是差了点，梁师傅用技法弥补了这个不足：把大黄鱼煮熟后放凉吃更有鲜味。这是因为产生鲜味的氨基酸，其分子结构在16～120℃时，温度越低分子结构越稳定，表现出来就是越鲜；鱼子酱的加入，也进一步弥补了鲜味的不足。

孙师傅和梁师傅还都做了生焗大黄鱼。砂锅加热后倒油，加入大量的姜粒和蒜头，大黄鱼切块铺上去，盖上锅盖生焗5分钟，一滴水都不加，大黄鱼身上的水分遇热蒸发把鱼焗熟。养殖大黄鱼肉质比野生大黄鱼松垮很多，通过粤菜“焗”的工艺，水分流失一部分，肉质更为紧致，口感得到了改善。不同的是，孙师傅还加了红葱头、香菜和胡椒，这是典型的粤菜味道；而梁师傅则加入了普宁豆酱，这又变成了潮州菜味道。

陈晓东师傅则发挥了他善于重构食材、表达粤菜味道的特长，做了两道既陌生又熟悉的粤菜：顺德拆鱼羹和豆腐香菜鱼丸汤。将大黄鱼拆成小碎块，加鸡汤和鱼子酱做出顺德拆鱼羹。将大黄鱼大卸八块，鱼背肉剁成鱼糜，鱼肚肉切成细丝，鱼糜裹着鱼丝做成一鱼球，浸熟；鱼骨和鱼鳞熬出鱼汤，再加豆腐和香菜，萃取出这几种味道后捞起弃用，与鱼球一起构成了不见豆腐和香菜的豆腐香菜鱼丸汤。陈晓东师傅做菜，总是出人意料，配角往往只尝其味却不见其物，主角又往往会被拆得面目全非，他用“新”和“奇”表达了他对美食的理解——与众不同！

这一集师傅们完成得十分轻松，大家也看到了养殖业的希望，养殖户认真养，师傅们认真做，美食也因此变得十分简单。

但摄制组一点也不轻松，几乎全体都生病了，原计划的杀青庆功宴也只能取消。美食是美好生活的一部分，虽然最近的生活谈不上美好，但生活总得继续。就让美食照亮我们的方向，相信这个世界上总有美好生活的存在。